对接世界技能大赛技术标准创新系列教材

技工院校一体化课程教学改革模具制造专业教材

双分型面塑料模具制作

人力资源社会保障部教材办公室　组织编写

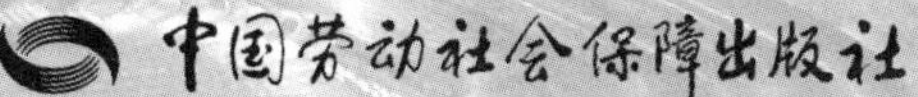

内容简介

本套教材为对接世赛标准深化一体化专业课程改革模具制造专业教材，对接世赛塑料模具工程、原型制作项目，学习目标融入世赛要求，学习内容对接世赛技能标准，考核评价方法参照世赛评分方案，并设置了世赛知识栏目。

本书主要内容包括玩具车车轮双分型面塑料成型模制作工作准备，玩具车车轮双分型面塑料成型模型腔加工，玩具车车轮双分型面塑料成型模型芯加工，玩具车车轮双分型面塑料成型模浇口套加工，玩具车车轮双分型面塑料成型模定模座板、动模座板加工，玩具车车轮双分型面塑料成型模推出机构加工，玩具车车轮双分型面塑料成型模推料板加工，玩具车车轮双分型面塑料成型模动模板、定模板加工，玩具车车轮双分型面塑料成型模装配、试模与修模等。

图书在版编目（CIP）数据

双分型面塑料模具制作 / 人力资源社会保障部教材办公室组织编写 . -- 北京：中国劳动社会保障出版社，2021

对接世界技能大赛技术标准创新系列教材　技工院校一体化课程教学改革模具制造专业教材

ISBN 978-7-5167-4933-3

Ⅰ. ①双…　Ⅱ. ①人…　Ⅲ. ①塑料模具 – 制作 – 技工学校 – 教材　Ⅳ. ①TQ320.5

中国版本图书馆 CIP 数据核字（2021）第 233725 号

中国劳动社会保障出版社出版发行

（北京市惠新东街 1 号　邮政编码：100029）

*

北京市艺辉印刷有限公司印刷装订　新华书店经销

880 毫米 ×1230 毫米　16 开本　14.25 印张　333 千字

2021 年 12 月第 1 版　2021 年 12 月第 1 次印刷

定价：39.00 元

读者服务部电话：（010）64929211/84209101/64921644

营销中心电话：（010）64962347

出版社网址：http://www.class.com.cn

http://jg.class.com.cn

对接世界技能大赛技术标准创新系列教材

编审委员会

主　　任：刘　康

副 主 任：张　斌　王晓君　刘新昌　冯　政

委　　员：王　飞　翟　涛　杨　奕　张　伟　赵庆鹏　姜华平
杜庚星　王鸿飞

模具制造专业课程改革工作小组

课 改 校：广东省机械技师学院　江苏省常州技师学院　广西机电技师学院
成都市技师学院　江苏省盐城技师学院　承德技师学院
徐州工程机械技师学院

技术指导：李克天

编　　辑：马文睿　吕滨滨

本书编审人员

主　　编：谷平东

副 主 编：黄灿杰　严金荣

参　　编：于　懿　周仕超

主　　审：崔兆华

序

世界技能大赛由世界技能组织每两年举办一届，是迄今全球地位最高、规模最大、影响力最广的职业技能竞赛，被誉为“世界技能奥林匹克”。我国于2010年加入世界技能组织，先后参加了五届世界技能大赛，累计取得36金、29银、20铜和58个优胜奖的优异成绩。第46届世界技能大赛将在我国上海举办。2019年9月，习近平总书记对我国选手在第45届世界技能大赛上取得佳绩作出重要指示，并强调，劳动者素质对一个国家、一个民族发展至关重要。技术工人队伍是支撑中国制造、中国创造的重要基础，对推动经济高质量发展具有重要作用。要健全技能人才培养、使用、评价、激励制度，大力发展技工教育，大规模开展职业技能培训，加快培养大批高素质劳动者和技术技能人才。要在全社会弘扬精益求精的工匠精神，激励广大青年走技能成才、技能报国之路。

为充分借鉴世界技能大赛先进理念、技术标准和评价体系，突出“高、精、尖、缺”导向，促进技工教育与世界先进标准接轨，完善我国技能人才培养模式，全面提升技能人才培养质量，人力资源社会保障部于2019年4月启动了世界技能大赛成果转化工作。根据成果转化工作方案，成立了由世界技能大赛中国集训基地、一体化课改学校，以及竞赛项目中国技术指导专家、企业专家、出版集团资深编辑组成的对接世界技能大赛技术标准深化专业课程改革工作小组，按照创新开发新专业、升级改造传统专业、深化一体化专业课程改革三种对接转化原则，以专业培养目标对接职业描述、专业课程对接世界技能标准、课程考核与评价对接评分方案等多种操作模式和路径，同时融入健康与安全、绿色与环保及可持续发展理念，开发与世界技能大赛项目对接的专业人才培养方案、教材及配套教学资源。首批对接 19 个世界技能大赛项目共 12 个专业的成果将于 2020—2021 年陆续出版，主要用于技工院校日常专业教学工作中，充分发挥世界技能大赛成果转化对技工院校技能人才的引领示范作用。在总结经验及调研的基础上选择新的对接项目，陆续启动第二批等世界技能大赛成果转化工作。

希望全国技工院校将对接世界技能大赛技术标准创新系列教材，作为深化专业课程建设、创新人才培养模式、提高人才培养质量的重要抓手，进一步推动教学改革，坚持高端引领，促进内涵发展，提升办学质量，为加快培养高水平的技能人才作出新的更大贡献！

2020年11月

目　录

学习任务一　玩具车车轮双分型面塑料成型模制作工作准备

学习目标

1. 能理解企业对环境、安全、卫生和事故预防的要求。
2. 能说出单分型面注射模和双分型面注射模的结构特征。
3. 能说出玩具车车轮双分型面塑料成型模的组成及各部分的作用（塑料成型模简称塑料模）。
4. 能说出玩具车车轮双分型面塑料成型模的工作原理。
5. 能识读玩具车车轮双分型面塑料成型模装配图和零件图。
6. 能按制图标准绘制玩具车车轮双分型面塑料成型模装配图。
7. 能根据模具生产过程和技术要求，制定合理的模具加工工艺路线。
8. 能根据玩具车车轮双分型面塑料成型模制作要求，制订模具制作工作计划。
9. 能在工作过程中严格执行企业操作规范、安全生产制度、环保管理制度以及7S管理规定，严格遵守从业人员的职业道德，具有吃苦耐劳、爱岗敬业的工作态度和职业责任感。
10. 能与班组长、工具管理员等相关人员进行有效的沟通与合作。
11. 能主动展示并汇报工作成果，对工作过程中出现的问题进行反思与总结，从而优化方案和策略，并具备知识迁移能力。

建议学时

10学时。

工作情景描述

某模具厂通过业务洽谈与某塑料制件厂签订了玩具车车轮双分型面塑料成型模（图1–1）制作合同。塑料制件厂提供产品玩具车车轮（图1–2）零件图，要求玩具车车轮塑料成型模选用标准模架，模具结构为双分型面塑料成型模，模具寿命为10万次，交货期为30天。模具厂设计人员按照塑料制件厂要求进行模具设计，完成图样绘制后，安排模具生产车间模具工进行加工。模具工接受玩具车车轮塑料成型模制作任务，分析模具装配图和零件图，明确模具的工作原理，根据车间现有的设备制订模具制作工作计划，为模具制作做好准备。

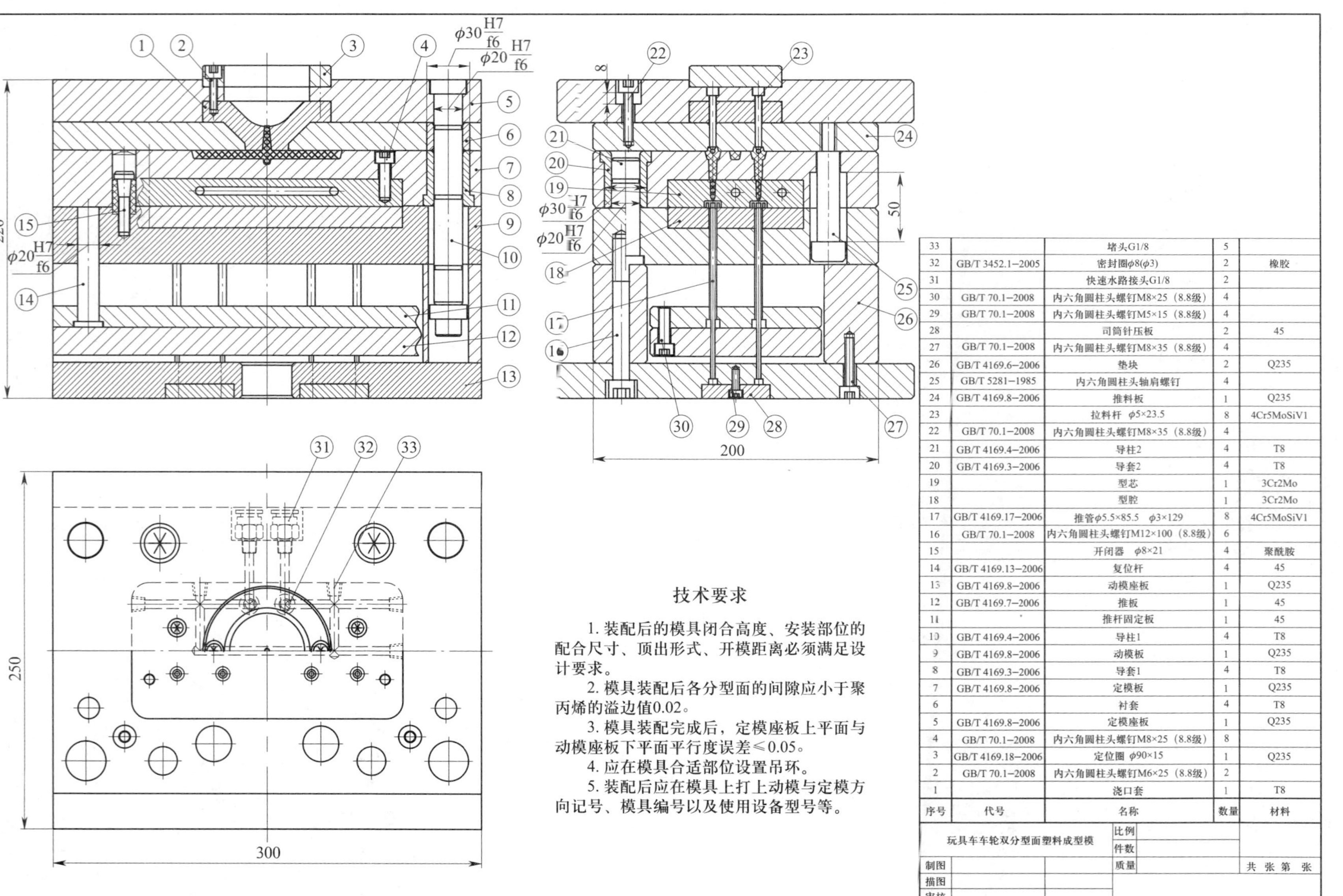

技术要求

1. 装配后的模具闭合高度、安装部位的配合尺寸、顶出形式、开模距离必须满足设计要求。

2. 模具装配后各分型面的间隙应小于聚丙烯的溢边值0.02。

3. 模具装配完成后，定模座板上平面与动模座板下平面平行度误差≤0.05。

4. 应在模具合适部位设置吊环。

5. 装配后应在模具上打上动模与定模方向记号、模具编号以及使用设备型号等。

序号	代号	名称	数量	材料
33		堵头G1/8	5	
32	GB/T 3452.1—2005	密封圈φ8(φ3)	2	橡胶
31		快速水路接头G1/8	2	
30	GB/T 70.1—2008	内六角圆柱头螺钉M8×25（8.8级）	4	
29	GB/T 70.1—2008	内六角圆柱头螺钉M5×15（8.8级）	4	
28		司筒针压板	2	45
27	GB/T 70.1—2008	内六角圆柱头螺钉M8×35（8.8级）	4	
26	GB/T 4169.6—2006	垫块	2	Q235
25	GB/T 5281—1985	内六角圆柱头轴肩螺钉	4	
24	GB/T 4169.8—2006	推料板	1	Q235
23		拉料杆 φ5×23.5	8	4Cr5MoSiV1
22	GB/T 70.1—2008	内六角圆柱头螺钉M8×35（8.8级）	4	
21	GB/T 4169.4—2006	导柱2	4	T8
20	GB/T 4169.3—2006	导套2	4	T8
19		型芯	1	3Cr2Mo
18		型腔	1	3Cr2Mo
17	GB/T 4169.17—2006	推管φ5.5×85.5 φ3×129	8	4Cr5MoSiV1
16	GB/T 70.1—2008	内六角圆柱头螺钉M12×100（8.8级）	6	
15		开闭器 φ8×21	4	聚酰胺
14	GB/T 4169.13—2006	复位杆	4	45
13	GB/T 4169.8—2006	动模座板	1	Q235
12	GB/T 4169.7—2006	推板	1	45
11		推杆固定板	1	45
10	GB/T 4169.4—2006	导柱1	4	T8
9	GB/T 4169.8—2006	动模板	1	Q235
8	GB/T 4169.3—2006	导套1	4	T8
7	GB/T 4169.8—2006	定模板	1	Q235
6		衬套	4	T8
5	GB/T 4169.8—2006	定模座板	1	Q235
4	GB/T 70.1—2008	内六角圆柱头螺钉M8×25（8.8级）	8	
3	GB/T 4169.18—2006	定位圈 φ90×15	1	Q235
2	GB/T 70.1—2008	内六角圆柱头螺钉M6×25（8.8级）	2	
1		浇口套	1	T8

玩具车车轮双分型面塑料成型模	比例	
	件数	
制图	质量	共 张 第 张
描图		
审核		

图 1-1 玩具车车轮双分型面塑料成型模

φ12
φ9
φ6
φ3
R1
1.5
5
5.5
Ra 6.3
技术要求
1. 聚苯乙烯的收缩率为0.5%。
2. 要求产品表面无气泡、熔接线、毛刺等缺陷。
3. 产品尺寸≥10的上、下极限偏差分别为+0.1和−0.1，<10的上、下极限偏差分别为+0.05和−0.05。
玩具车车轮
比例
件数
1
制图
质量
材料
聚苯乙烯
描图
审核

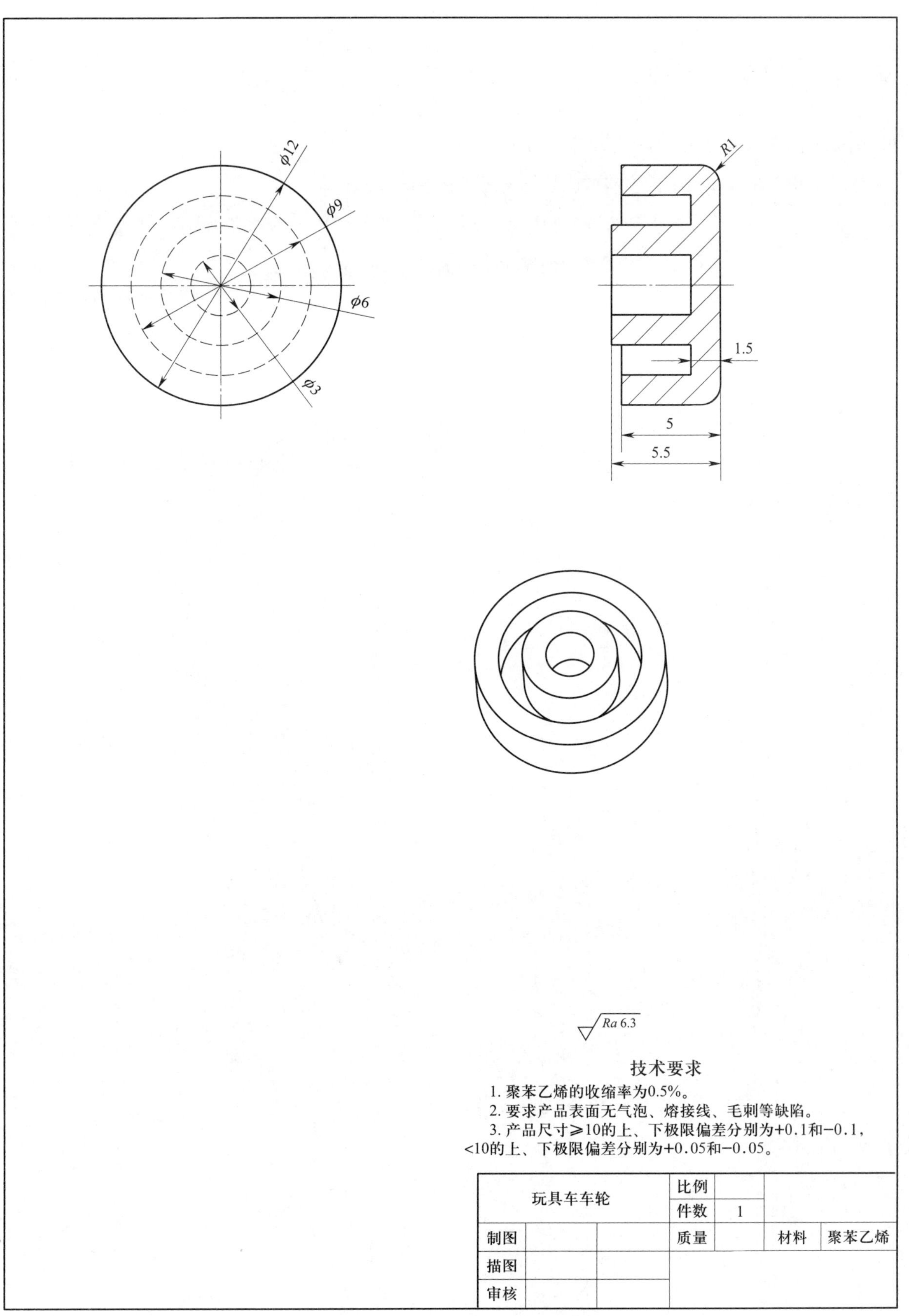

图 1–2　玩具车车轮

1．接受工作任务，明确工作要求（2 学时）

2．认识玩具车车轮双分型面塑料成型模结构及工作原理（3 学时）

3．识读并绘制玩具车车轮双分型面塑料成型模装配图（2 学时）

4．制订玩具车车轮双分型面塑料成型模制作工作计划（2 学时）

5．工作总结，成果展示，经验交流（1 学时）

学习活动 1　接受工作任务，明确工作要求

学习目标

1. 能说出塑料的常见成型工艺及其特点。
2. 能说出常见塑料的物理特性和成型工艺。
3. 能说出单分型面注射模和双分型面注射模的结构特征。
4. 能说出模具的工作原理。
5. 能明确工作任务要求，并收集相关资料，确定小组分工。
6. 能在工作现场执行 7S 管理规定。
7. 能在工作中应用专业术语进行交流。

建议学时：2 学时。

学习过程

1．塑料常见的成型工艺有注射成型、压缩成型、压注成型、挤出成型和中空吹塑成型等。根据玩具车车轮的形状特征，讨论玩具车车轮成型时应采用哪种塑料成型工艺，并说明理由。

2．在世界技能大赛塑料模具工程项目中，塑料原料采用的是聚苯乙烯。除聚苯乙烯外，常见的塑料还有聚乙烯、聚丙烯、ABS 塑料和聚酰胺等，查阅相关资料，在表 1–1 中填写它们的物理特性及成型工艺。

表 1-1 塑料的物理特性及成型工艺

塑料名称	物理特性	成型工艺
聚苯乙烯		
聚乙烯		
聚丙烯		
ABS 塑料 （丙烯腈 - 丁二烯 - 苯乙烯的三元共聚物）		
聚酰胺		

3．从模具设计的角度出发，注射模按总体结构特征分为六类：单分型面（两板式）注射模、双分型面（三板式）注射模、带有侧向分型与抽芯机构的注射模、带有活动镶件的注射模、自动卸螺纹注射模、无流道注射模。其中常用的是单分型面注射模、双分型面注射模、带有侧向分型与抽芯机构的注射模。本任务中的玩具车车轮塑料成型模是双分型面注射模。查阅塑料成型模相关资料，在图 1-3 中填写模具类型。

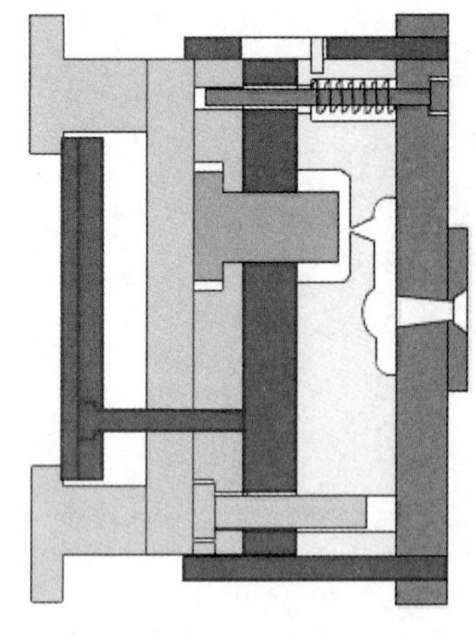

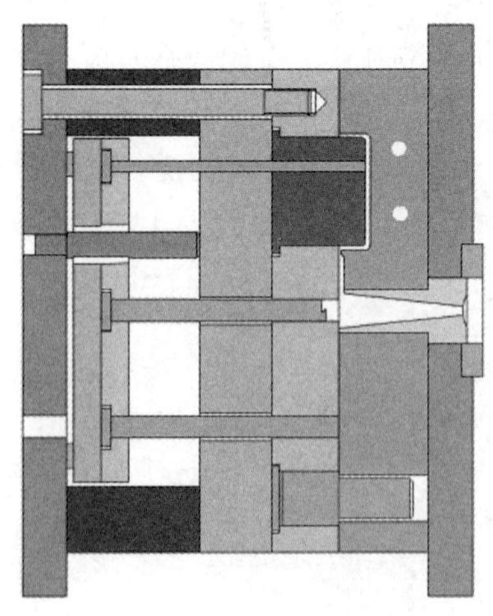

＿＿＿＿＿＿＿＿ ＿＿＿＿＿＿＿＿

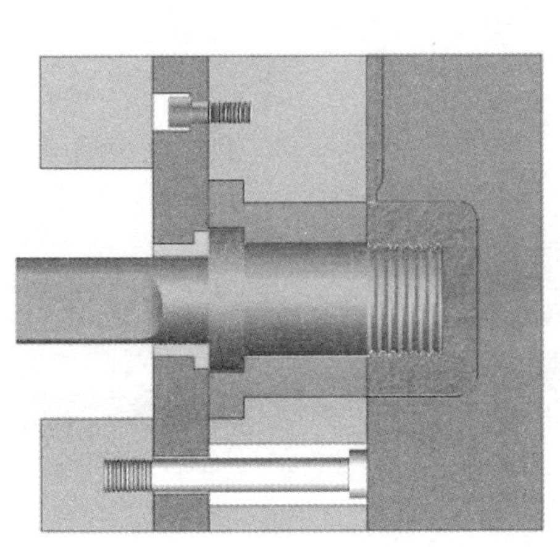

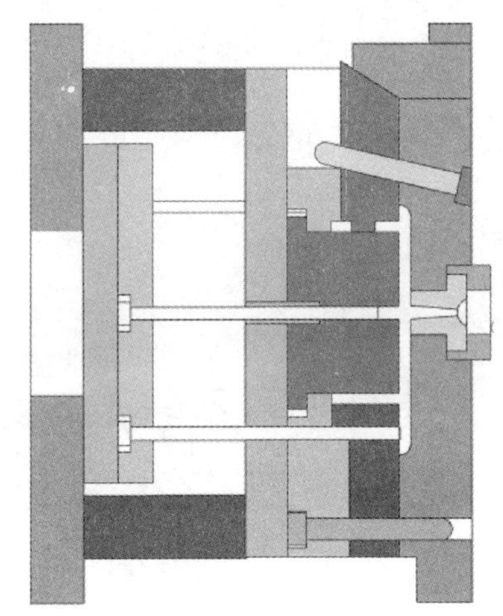

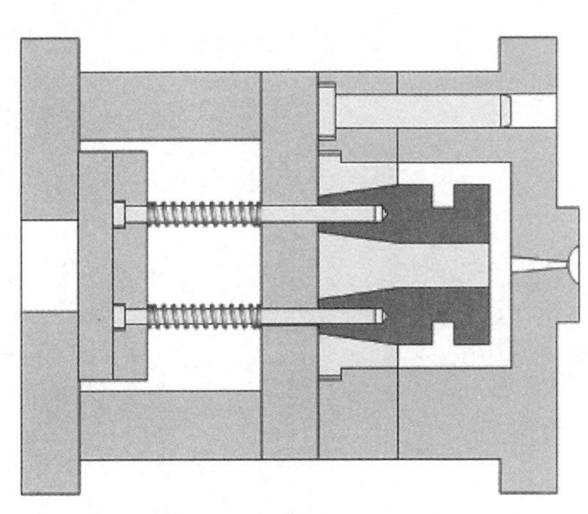

图 1-3　模具类型

4．分析图 1-4 所示塑料成型模的工作原理。

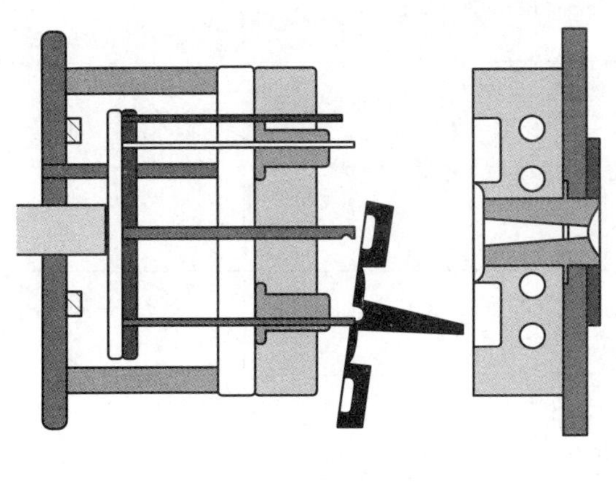

a)

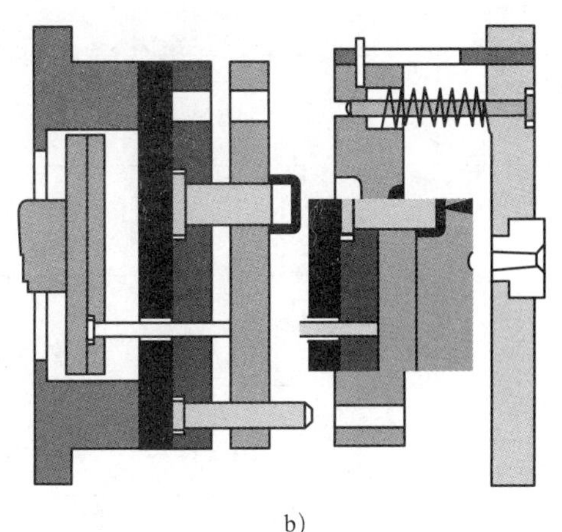

b)

图 1-4　塑料成型模

图 1–4a 所示模具的工作原理：

图 1–4b 所示模具的工作原理：

5．本生产任务交货期为 30 天，试依据任务要求制订合理的工作进度计划，并根据小组成员的特点进行分工，填写表 1–2。（提示：为保证模具制作的质量，确定一名质检员对所有零件的加工精度进行检测监控。）

表 1–2 工作进度计划及分工

序号	工作内容	时间	成员	负责人

评价与分析

学习活动过程评价表

<table>
<tr><td>班级</td><td></td><td>姓名</td><td></td><td>学号</td><td></td><td>日期</td><td colspan="2">年　月　日</td></tr>
<tr><td>序号</td><td colspan="2">评价内容和描述</td><td colspan="3">评价细则</td><td>配分</td><td>得分</td><td>总评</td></tr>
<tr><td>1</td><td colspan="2">能说出塑料的常见成型工艺及其特点</td><td colspan="3">一处不完整或不准确扣 3 分</td><td>15</td><td></td><td rowspan="7">A □
（86 ~ 100 分）

B □
（76 ~ 85 分）

C □
（60 ~ 75 分）

D □
（60 分以下）</td></tr>
<tr><td>2</td><td colspan="2">能说出常见塑料的物理特性和成型工艺</td><td colspan="3">一处不完整或不准确扣 2 分</td><td>10</td><td></td></tr>
<tr><td>3</td><td colspan="2">能说出单分型面注射模和双分型面注射模的结构特征</td><td colspan="3">一处不完整或不准确扣 5 分</td><td>10</td><td></td></tr>
<tr><td>4</td><td colspan="2">能说出模具的工作原理</td><td colspan="3">一处不完整或不准确扣 5 分</td><td>15</td><td></td></tr>
<tr><td>5</td><td colspan="2">能明确工作任务要求，并收集相关资料，确定小组分工</td><td colspan="3">小组分工一处不合理扣 4 分</td><td>20</td><td></td></tr>
<tr><td>6</td><td colspan="2">能在工作现场执行 7S 管理规定</td><td colspan="3">能够执行 7S 管理规定中的 6 ~ 7 条得 20 分，能够执行 7S 管理规定中的 3 ~ 5 条得 10 分，能够执行 7S 管理规定中的 1 ~ 2 条得 1 分</td><td>20</td><td></td></tr>
<tr><td>7</td><td colspan="2">能积极参与小组讨论，运用专业术语与他人交流（小组长对成员打分）</td><td colspan="3">参与积极性高，合作意识好得 10 分；参与积极性一般，合作意识一般得 5 分；参与积极性差，合作意识差得 1 分</td><td>10</td><td></td></tr>
<tr><td>小结
建议</td><td colspan="8"></td></tr>
</table>

学习活动 2　认识玩具车车轮双分型面塑料成型模结构及工作原理

学习目标

1. 能说出玩具车车轮双分型面塑料成型模装配图中各零件的名称。

2. 能根据装配图说出各零件的材料及材料性能。

3. 能说出玩具车车轮双分型面塑料成型模的组成及各部分的作用。

4. 能说出玩具车车轮双分型面塑料成型模浇注系统的组成和特性。

5. 能说出玩具车车轮双分型面塑料成型模导向系统的作用。

6. 能说出玩具车车轮双分型面塑料成型模推出机构的类型和作用。

7. 能说出玩具车车轮双分型面塑料成型模的工作原理。

建议学时：3 学时。

学习过程

1．识读玩具车车轮双分型面塑料成型模装配图，完成以下问题。

（1）玩具车车轮双分型面塑料成型模采用注射模标准模架进行制作，其中定模板、动模板、推板应进行调质处理。你选用的标准模架的生产厂家是哪家？规格型号是什么？

（2）双分型面塑料成型模标准模架包括哪些零件?

（3）阅读玩具车车轮双分型面塑料成型模装配图的明细栏，说明还有哪些零件可选用标准件。

（4）在玩具车车轮双分型面塑料成型模制作任务中，需要加工的零件有哪些?

（5）哪些模具零件需要进行热处理?

2．识读玩具车车轮双分型面塑料成型模装配图，明确分型面位置。

（1）在装配图中标出两个分型面的位置。

（2）从玩具车车轮双分型面塑料成型模结构来看，模具有多个型腔。在注射成型时，一次注射能生产多件塑料产品，按照模具型腔的数量分类，此模具是什么模具?

3．根据模具中各个部件所起的作用不同，可将注射模分为成型部件、浇注系统、导向部件、推出机构、调温系统、排气系统、侧抽芯机构、标准模架八个部件。分析玩具车车轮双分型面塑料成型模装配图，对模具零件进行分类，填写表 1–3。

表 1-3　　玩具车车轮双分型面塑料成型模的组成

序号	组成	玩具车车轮双分型面塑料成型模装配图中零件（序号＋名称）
1	成型部件	
2	浇注系统	
3	导向部件	
4	推出机构	
5	调温系统	
6	排气系统	
7	侧抽芯机构	
8	标准模架	

4．浇注系统一般由主流道、分流道、浇口和冷料井四部分组成。通过查阅相关资料，回答以下问题。

（1）识读图 1-5 所示的浇注系统，将箭头所指的浇注系统构件名称填入相应的空格处。

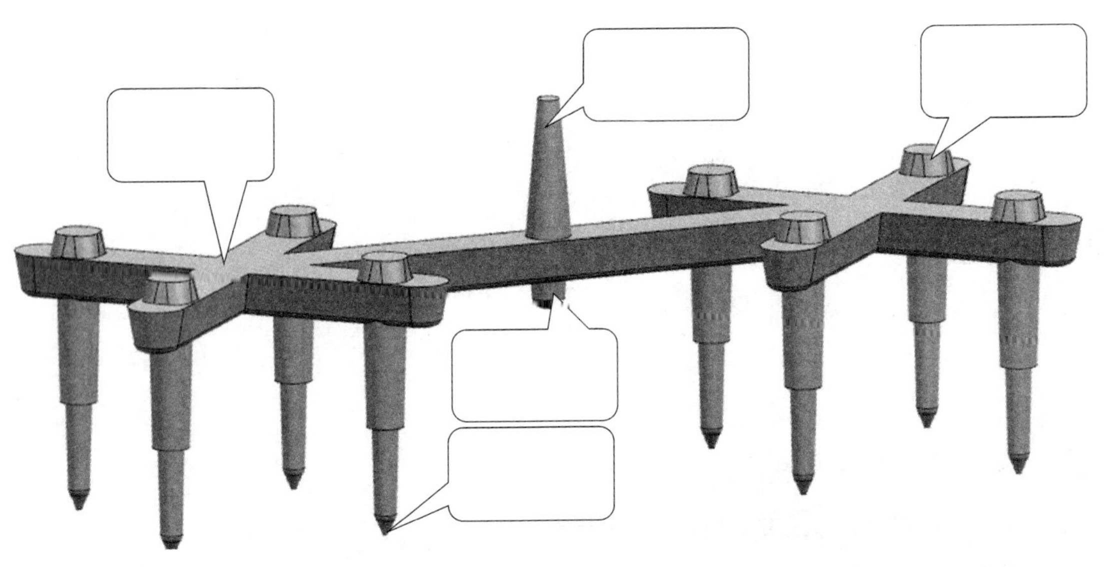

图 1-5　浇注系统

（2）玩具车车轮双分型面塑料成型模的浇注系统包括哪些部分？有哪些典型特征？

5．玩具车车轮双分型面塑料成型模中有两组导向系统，它们分别有什么作用?

6．推出机构的作用是在开模过程中将制件及浇注系统的凝料从模具中推出。查阅相关资料，判断玩具车车轮双分型面塑料成型模推出机构的类型。

7．注射成型原理是将颗粒状或粉状塑料加热熔化呈流动态后，以高压和较快的速度注入温度较低的闭合模腔中，在模具的冷却作用下固化并定型，得到具有特定形状和质量的制件。

注射成型一般工作过程：加料→加热塑化→闭模→加热注射→保压→冷却定型→开模取出制件。

根据注射成型原理、注射成型一般工作过程和玩具车车轮双分型面塑料成型模装配图，分析玩具车车轮双分型面塑料成型模的工作原理。

评价与分析

学习活动过程评价表

<table>
<tr><td>班级</td><td></td><td>姓名</td><td></td><td>学号</td><td></td><td>日期</td><td colspan="2">年　月　日</td></tr>
<tr><td>序号</td><td colspan="2">评价内容和描述</td><td colspan="3">评价细则</td><td>配分</td><td>得分</td><td>总评</td></tr>
<tr><td>1</td><td colspan="2">能根据玩具车车轮双分型面塑料成型模装配图说出各零件的名称</td><td colspan="3">一处不正确扣 2 分</td><td>10</td><td></td><td rowspan="8">A □
（86 ~ 100 分）
B □
（76 ~ 85 分）
C □
（60 ~ 75 分）
D □
（60 分以下）</td></tr>
<tr><td>2</td><td colspan="2">能根据玩具车车轮双分型面塑料成型模装配图说出各零件的材料及材料性能</td><td colspan="3">一处不正确扣 2 分</td><td>10</td><td></td></tr>
<tr><td>3</td><td colspan="2">能说出玩具车车轮双分型面塑料成型模的组成及各部分的作用</td><td colspan="3">一处不完整或不准确扣 5 分</td><td>20</td><td></td></tr>
<tr><td>4</td><td colspan="2">能说出玩具车车轮双分型面塑料成型模浇注系统的组成和特性</td><td colspan="3">一处不完整或不准确扣 5 分</td><td>10</td><td></td></tr>
<tr><td>5</td><td colspan="2">能说出玩具车车轮双分型面塑料成型模导向系统的作用</td><td colspan="3">一处不完整或不准确扣 5 分</td><td>10</td><td></td></tr>
<tr><td>6</td><td colspan="2">能说出玩具车车轮双分型面塑料成型模推出机构的类型和作用</td><td colspan="3">一处不完整或不准确扣 5 分</td><td>10</td><td></td></tr>
<tr><td>7</td><td colspan="2">能说出玩具车车轮双分型面塑料成型模的工作原理</td><td colspan="3">一处不完整或不准确扣 5 分</td><td>20</td><td></td></tr>
<tr><td>8</td><td colspan="2">能积极参与小组讨论，运用专业术语与他人交流（小组长对成员打分）</td><td colspan="3">参与积极性高，合作意识好得 10 分；参与积极性一般，合作意识一般得 5 分；参与积极性差，合作意识差得 1 分</td><td>10</td><td></td></tr>
<tr><td>小结
建议</td><td colspan="8"></td></tr>
</table>

学习活动 3　识读并绘制玩具车车轮双分型面塑料成型模装配图

学习目标

1. 能说出塑料成型模装配图的组成要素。

2. 能说出识读塑料成型模装配图和零件图的步骤和方法。

3. 能合理布局图样，按照制图标准绘制玩具车车轮双分型面塑料成型模装配图。

建议学时：2 学时。

学习过程

1．世界技能大赛塑料模具工程项目要求参赛选手能熟练地识读模具装配图和零件图。请识读玩具车车轮双分型面塑料成型模装配图，回答以下问题。

（1）一套完整的塑料成型模装配图一般包括哪几项基本内容？

（2）玩具车车轮双分型面塑料成型模装配图的主视图和俯视图分别反映模具的什么特征？

（3）玩具车车轮双分型面塑料成型模装配图中有哪些尺寸必须标注？为什么？

（4）说明识读玩具车车轮双分型面塑料成型模装配图的步骤。

2．在图 1–6 所示玩具车车轮双分型面塑料成型模示意图中标出各零件名称。

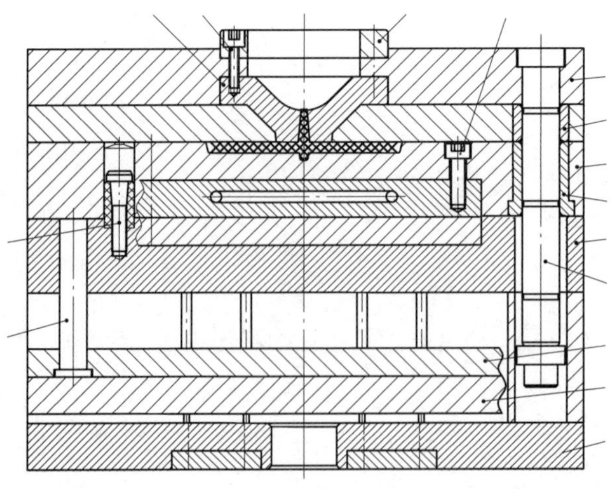

图 1–6　玩具车车轮双分型面塑料成型模示意图

3．识读玩具车车轮双分型面塑料成型模零件图。

（1）图 1–7 所示为定模板零件图，说明识读该零件图的步骤。

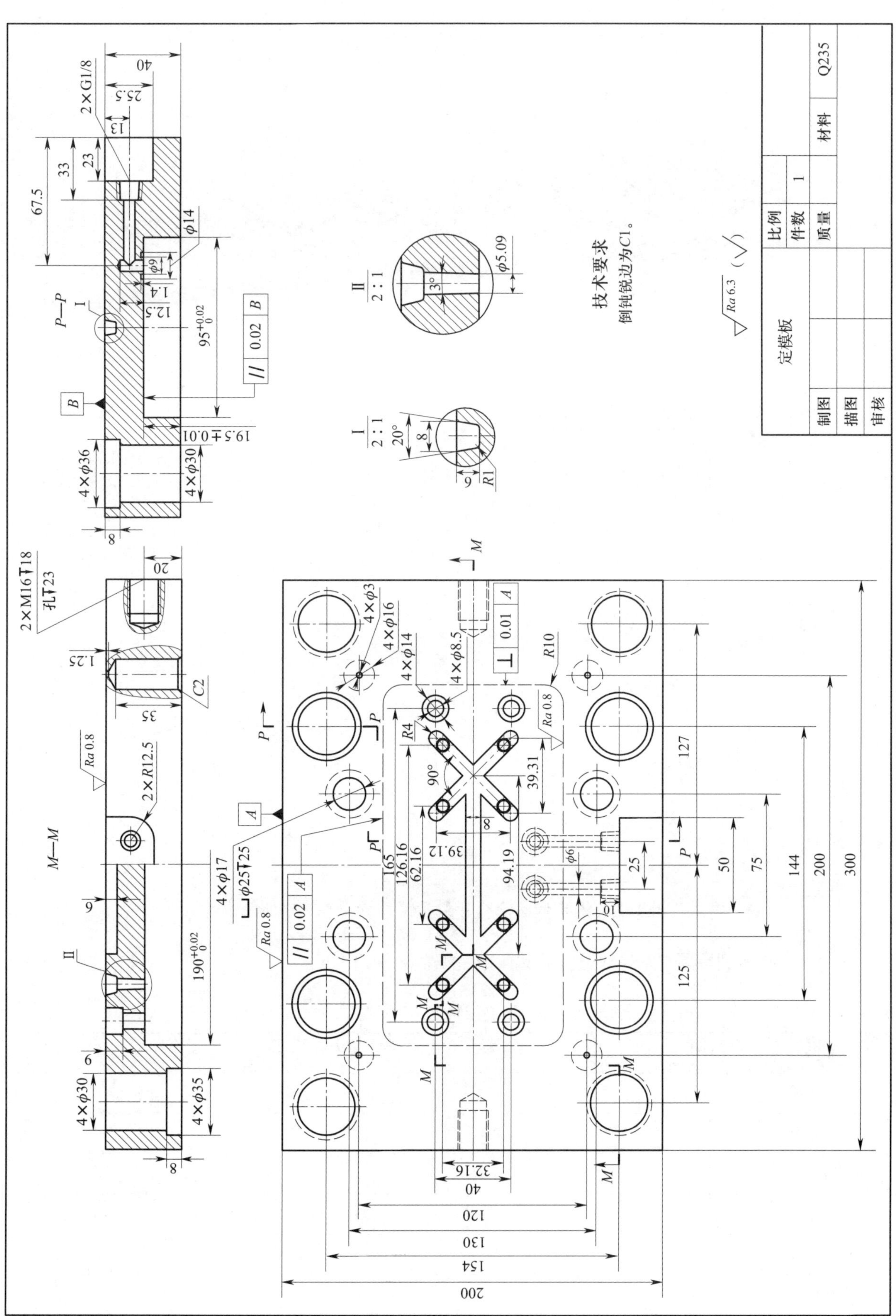

图 1-7　定模板

（2）对照玩具车车轮双分型面塑料成型模零件图，在图 1–8 中写出相对应零件的名称。

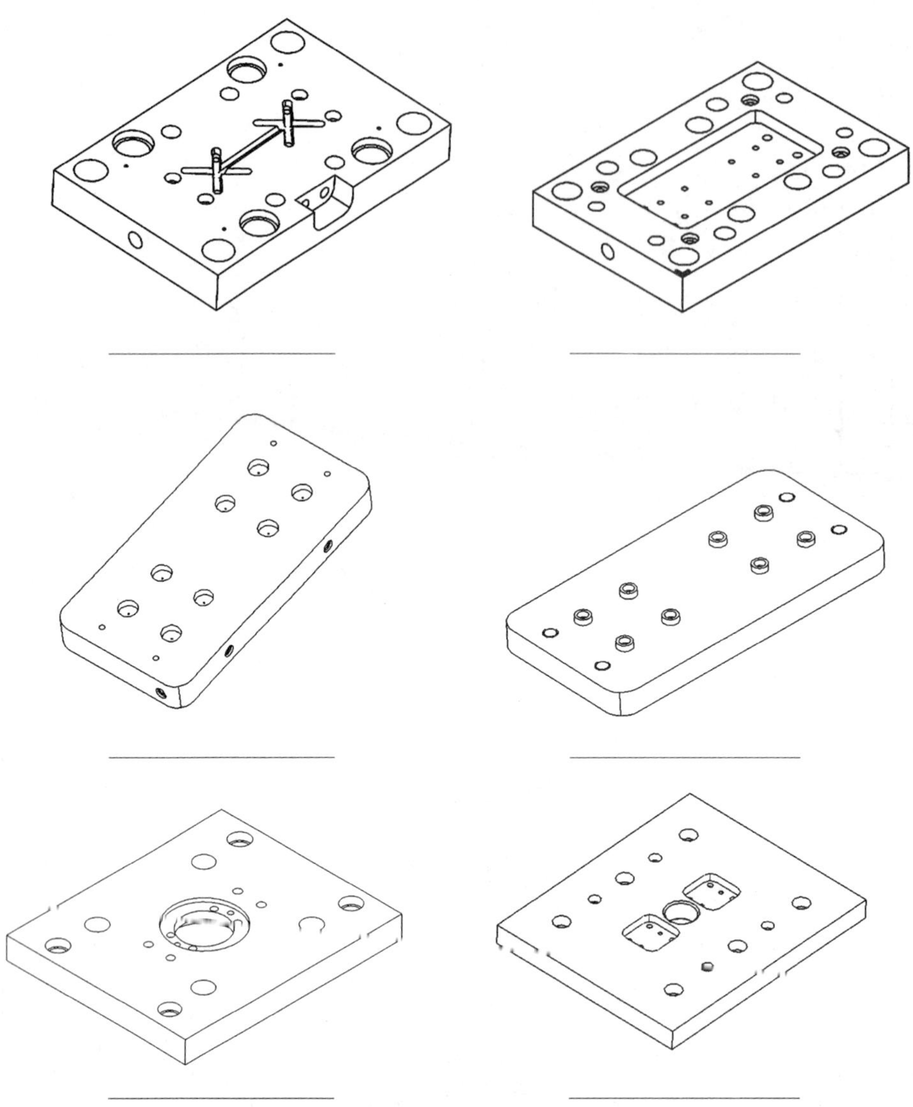

图 1–8 玩具车车轮双分型面塑料成型模各零件

（3）说明表 1–4 所列玩具车车轮双分型面塑料成型模各零件的作用。

表 1–4 玩具车车轮双分型面塑料成型模各零件的作用

零件	作用
定模座板	
动模座板	
型腔	
型芯	
推杆固定板	
动模板	

续表

零件	作用
定模板	
浇口套	
推料板	
定位圈	

4．对照玩具车车轮双分型面塑料成型模装配图，查阅国家制图标准的有关规定，说明以下内容在装配图中的画法。

（1）实心零件画法

（2）相邻零件的轮廓线画法

（3）相邻零件的剖面线画法

5．零件图的各种表示方法同样适用于装配图，但模具的装配图着重表达模具的结构特点、工作原理和各零件的装配关系。针对这一特点，国家标准制定了表达机器（或部件）装配图的简化画法和特殊画法。

（1）指出玩具车车轮双分型面塑料成型模装配图中哪些零件可以采用简化画法。

（2）指出玩具车车轮双分型面塑料成型模装配图中哪些零件可以采用特殊画法。

6．根据玩具车车轮双分型面塑料成型模装配图尺寸，确定绘图时应选择的图幅规格。其具体尺寸是多少?

7．分析玩具车车轮双分型面塑料成型模装配图，说明绘制该装配图的具体要求。

8．利用软件绘制玩具车车轮双分型面塑料成型模装配图，并打印出来粘贴于下方框格中。

评价与分析

学习活动过程评价表

<table>
<tr><td>班级</td><td></td><td>姓名</td><td></td><td>学号</td><td></td><td>日期</td><td colspan="2">年　月　日</td></tr>
<tr><td>序号</td><td colspan="2">评价内容和描述</td><td colspan="3">评价细则</td><td>配分</td><td>得分</td><td>总评</td></tr>
<tr><td>1</td><td colspan="2">能说出塑料成型模装配图的组成要素</td><td colspan="3">一处不完整或不准确扣 2 分</td><td>10</td><td></td><td rowspan="4">A □
（86 ~ 100 分）
B □
（76 ~ 85 分）
C □
（60 ~ 75 分）
D □
（60 分以下）</td></tr>
<tr><td>2</td><td colspan="2">能说出识读塑料成型模装配图和零件图的步骤和方法</td><td colspan="3">一处不完整或不准确扣 5 分</td><td>40</td><td></td></tr>
<tr><td>3</td><td colspan="2">能正确绘制玩具车车轮双分型面塑料成型模装配图</td><td colspan="3">一处不正确扣 2 分</td><td>40</td><td></td></tr>
<tr><td>4</td><td colspan="2">能积极参与小组讨论，运用专业术语与他人交流（小组长对成员打分）</td><td colspan="3">参与积极性高，合作意识好得 10 分；参与积极性一般，合作意识一般得 5 分；参与积极性差，合作意识差得 1 分</td><td>10</td><td></td></tr>
<tr><td>小结
建议</td><td colspan="8"></td></tr>
</table>

学习活动4　制订玩具车车轮双分型面塑料成型模制作工作计划

学习目标

1. 能说出模具常见加工方法及其特点。

2. 能根据模具生产过程和技术要求，制定合理的模具加工工艺路线。

3. 能根据模具制作要求，正确选择加工设备。

4. 能根据模具制作要求，制订玩具车车轮双分型面塑料成型模制作工作计划。

建议学时：2学时。

学习过程

1．模具加工工艺的制定必须因地制宜，根据实际情况选择加工设备。模具工应熟悉机床的用途和加工性能，以便制定出具有良好可操作性的加工工艺路线。表1–5中的各图是模具生产车间常用设备，查阅相关资料及设备使用说明书，说明这些设备的名称、用途和性能。

表1–5　模具生产车间常用设备

名称	图示	用途	性能

续表

名称	图示	用途	性能

	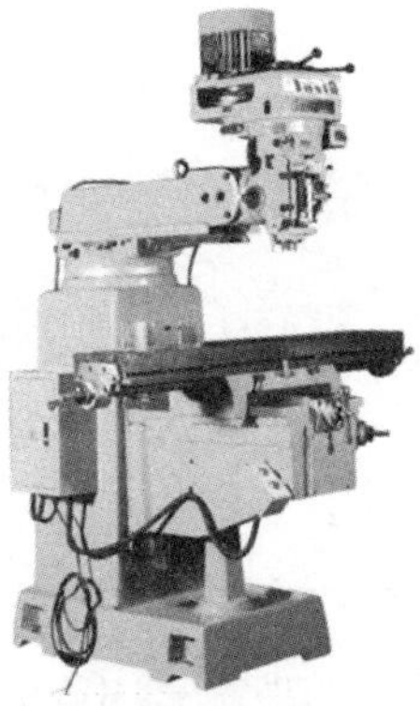		

	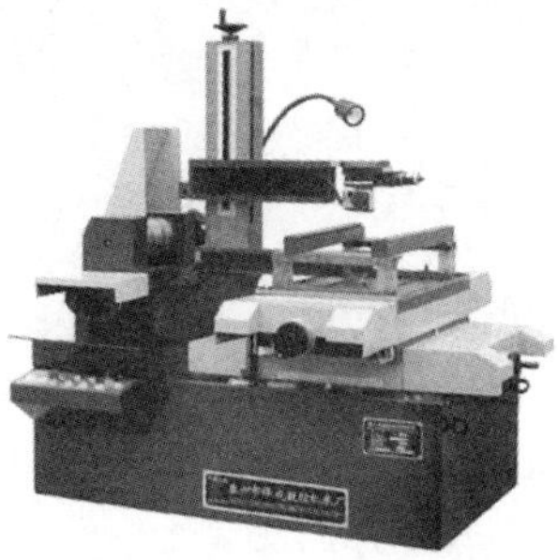		

续表

名称	图示	用途	性能

	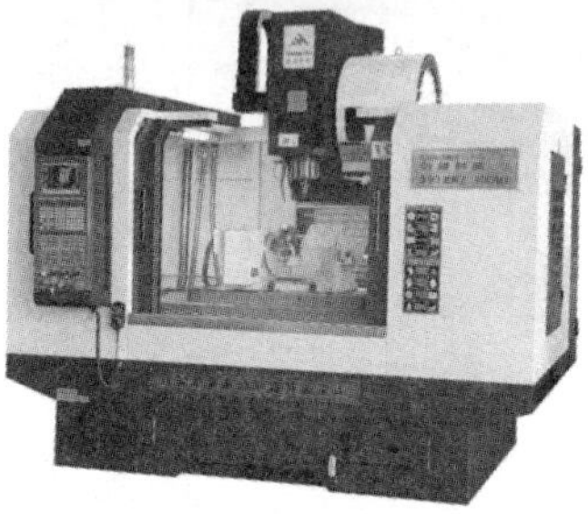		

2．依据玩具车车轮双分型面塑料成型模的装配图和零件图，选用型号为 DC 2030–40×40×70–160 GB/T 12555—2006 的标准模架；模具零件通常生产批量小，大部分模具零件都是单件生产，形状复杂，精度要求高，模具材料性能良好，加工难度大。在制定零件加工方案时，应保证零件加工质量和效率，兼顾经济性。阅读表 1–6，学习模具零件常见加工方法及其特点，阅读表 1–7，学习成型零件的工艺特点及典型加工工艺路线。

表 1–6　　模具零件常见加工方法及其特点

方法	特点
普通机械加工方法	这种方法一般包括通用机床切削加工及钳加工，即通用机床切除毛坯的大部分加工余量，钳加工去除精加工余量，并对型腔表面进行修整。通用机床可以加工形状简单的型腔，如圆形型腔、方形型腔。这种方法劳动强度大，生产效率低，不易保证零件质量。在型腔制造过程中，应尽可能减少钳工的工作量
数控加工方法	这种方法主要是使用数控机床进行加工，或辅以计算机辅助设计与制造技术。数控铣床自动化程度较高，可以加工形状较复杂的型腔，加工完毕一般需要钳加工修整狭窄的沟槽及数控铣削加工留下的刀痕、凹角等。这种方法可以优化型腔的结构参数和加工工艺，缩短生产准备时间，加快型腔的加工速度，提高零件质量，延长其使用寿命
电火花加工方法	这种方法主要是使用电火花加工专用设备进行加工。电火花线切割加工适合于加工镶拼结构的型腔，电火花成型加工可以加工切削困难的小孔、窄缝或带有文字花纹的部位。电火花加工后，还需要对型腔表面进行抛光，以保证表面质量达到零件的技术要求。这种方法的加工精度高，但是生产准备时间较长，工艺控制复杂

表 1-7　成型零件的工艺特点及典型加工工艺路线

工艺特点	典型加工工艺路线
成型零件尺寸精度要求较高，钢材硬度要求全淬硬	备料（锻件）→热处理（退火）→粗加工→热处理（退火）→半精加工→热处理（淬火与回火）→精加工→光整加工→表面处理（渗氮、镀铬、镀钛等）→装配前修整
成型零件尺寸精度有一定的要求，但钢材硬度要求不高	备料（锻件）→热处理（退火）→粗加工→热处理（退火）→半精加工→热处理（调质）→精加工→光整加工→表面处理（火焰淬火、渗氮、镀铬、镀钛等）→装配前修整
成型零件尺寸精度要求不高，但钢材硬度要求全淬硬	备料（锻件）→热处理（正火）→粗加工→热处理（退火）→半精加工→表面处理（渗碳）→热处理（淬火与回火）→光整加工→表面处理（镀铬等）→装配前修整
成型零件尺寸精度和钢材硬度要求都不高	备料（锻件）→热处理（正火或退火）→粗加工→半精加工→冷挤压成型加工→热处理（调质）→表面处理（渗碳或碳氮共渗）→光整加工→表面处理（镀铬等）→装配前修整

3．对照表 1-7，根据图样技术要求和车间现有设备情况，在教师的指导下，制定玩具车车轮双分型面塑料成型模主要成型零件（型芯、型腔）和模架零件加工工艺路线。

4．根据玩具车车轮双分型面塑料成型模装配图、零件图以及主要成型零件（型芯、型腔）和模架零件加工工艺路线，完成以下内容的填写。

（1）确定零件毛坯尺寸，填写玩具车车轮双分型面塑料成型模备料清单（表 1-8），制订材料计划。

表 1-8　　玩具车车轮双分型面塑料成型模备料清单

序号	零件图号	零件名称	材料	数量	规格	毛坯种类	热处理

（2）制订设备使用计划。

（3）制订刀具准备计划。

5．塑料成型模制作的过程：接受模具制作工作任务→制定加工工艺路线→模具零件的加工与热处理→模具装配→模具检验和试模→修模→模具保养入库→交付使用。根据此过程叙述玩具车车轮双分型面塑料成型模的制作计划。

评价与分析

学习活动过程评价表

<table>
<tr><td>班级</td><td></td><td>姓名</td><td></td><td>学号</td><td></td><td>日期</td><td colspan="2">年　月　日</td></tr>
<tr><td>序号</td><td colspan="2">评价内容和描述</td><td colspan="3">评价细则</td><td>配分</td><td>得分</td><td>总评</td></tr>
<tr><td>1</td><td colspan="2">能说出模具常见加工方法及其特点</td><td colspan="3">一处不完整或不准确扣 2 分</td><td>10</td><td></td><td rowspan="7">A □
（86 ~ 100 分）
B □
（76 ~ 85 分）
C □
（60 ~ 75 分）
D □
（60 分以下）</td></tr>
<tr><td>2</td><td colspan="2">能制定合理的模具加工工艺路线</td><td colspan="3">一处不合理扣 5 分</td><td>20</td><td></td></tr>
<tr><td>3</td><td colspan="2">能制订合理的材料计划</td><td colspan="3">一处不合理扣 5 分</td><td>10</td><td></td></tr>
<tr><td>4</td><td colspan="2">能制订合理的设备使用计划</td><td colspan="3">一处不合理扣 5 分</td><td>10</td><td></td></tr>
<tr><td>5</td><td colspan="2">能制订合理的刀具准备计划</td><td colspan="3">一处不合理扣 5 分</td><td>10</td><td></td></tr>
<tr><td>6</td><td colspan="2">能制订合理的玩具车车轮双分型面塑料成型模制作计划</td><td colspan="3">一处不合理扣 5 分</td><td>30</td><td></td></tr>
<tr><td>7</td><td colspan="2">能积极参与小组讨论，运用专业术语与他人交流（小组长对成员打分）</td><td colspan="3">参与积极性高，合作意识好得 10 分；参与积极性一般，合作意识一般得 5 分；参与积极性差，合作意识差得 1 分</td><td>10</td><td></td></tr>
<tr><td>小结
建议</td><td colspan="8"></td></tr>
</table>

学习活动 5　工作总结，成果展示，经验交流

1. 能规范撰写工作总结。
2. 能采用多种形式进行成果展示。
3. 能有效进行工作反馈与经验交流。

建议学时：1 学时。

学习过程

一、展示与评价

把小组制订好的玩具车车轮双分型面塑料成型模制作计划先进行分组展示，再由小组推荐代表做必要的介绍。在展示的过程中，以组为单位进行评价；评价完成后，根据其他组成员对本组展示成果的评价意见进行归纳总结。完成如下项目：

1．展示的玩具车车轮双分型面塑料成型模制作计划合理吗？

合理□　　　　部分合理□　　　　不合理□

2．本小组介绍成果表达是否清晰？

很清晰□　　　　一般，常补充□　　　　不清晰□

3．本小组收集的资料完备吗？

完备□　　　　不完备□

4．本小组遵循 7S 管理规定了吗？

遵循了□　　　　部分遵循□　　　　完全没有遵循□

5．本小组成员的团队创新精神如何？

良好□　　　　一般□　　　　不足□

6．总结本次任务是否达到学习目标。如果没有达到学习目标，分析并写出哪部分内容没有学好，然后返回到相应处补充学习。

二、教师评价

对各组的展示过程及制作计划进行点评，对不足的地方提出改进方法。

三、综合评价

结合自身完成任务情况，通过交流讨论等方式较全面、规范地撰写本任务的工作总结。

工作总结（心得体会）

评价与分析

学习任务一评价表

班级：________　　姓名：________　　学号：________

项目	自我评价			小组评价			教师评价		
	10 ~ 9	8 ~ 6	5 ~ 1	10 ~ 9	8 ~ 6	5 ~ 1	10 ~ 9	8 ~ 6	5 ~ 1
	占总评 10%			占总评 30%			占总评 60%		
学习活动 1									
学习活动 2									
学习活动 3									
学习活动 4									
学习活动 5									
协作精神									
纪律观念									
表达能力									
工作态度									
小计									
总评									

任课教师：________　　　　________年________月________日

世赛知识

世界技能大赛塑料模具工程项目

塑料模具工程项目是指依据项目技术要求，按照塑料产品的 2D 工程图或 3D 模型设计和制作注塑成型模具，并制作成塑料产品的竞赛项目。比赛中对选手的技能要求主要包括：掌握机械设计和机械制造的知识和技术，完成产品建模、模具设计，编制数控加工程序；使用加工中心对钢件进行加工形成模具零件；使用手工或电动工具对模具零件进行抛光打磨；完成模具的装配与调试；在注塑机上实现塑料零件的生产。世界技能大赛塑料模具工程项目奖牌榜见表 1–9。

表 1–9　　世界技能大赛塑料模具工程项目奖牌榜

赛事	金牌	银牌	铜牌
第 43 届世界技能大赛	韩国	巴西 日本 印度尼西亚	中国（黄灿杰）
第 44 届世界技能大赛	中国（张志斌）	韩国	日本
第 45 届世界技能大赛	俄罗斯	巴西	中国（卢森锐） 印度尼西亚 中国台北

学习任务二　玩具车车轮双分型面塑料成型模型腔加工

学习目标

1. 能分析型腔零件图样，明确加工要求。

2. 能制订合理的型腔加工工作计划。

3. 能合理编制型腔加工工艺卡。

4. 能选择合理的加工参数，完成型腔加工程序的编制。

5. 能独立操作数控铣床完成型腔的加工。

6. 能对数控铣床进行维护与保养。

7. 能正确检测型腔加工质量。

8. 能在工作过程中严格执行企业操作规范、安全生产制度、环保管理制度以及7S管理规定，严格遵守从业人员的职业道德，具有吃苦耐劳、爱岗敬业的工作态度和职业责任感。

9. 能与班组长、工具管理员等相关人员进行有效的沟通与合作。

10. 能主动展示并汇报工作成果，对工作过程中出现的问题进行反思与总结，从而优化方案和策略，并具备知识迁移能力。

建议学时

15学时。

工作情景描述

通过查阅相关资料了解型腔（见图2-1）材料的切削性能和力学性能，通过小组讨论，确定型腔的加工方法和加工步骤，编制型腔加工工艺卡。根据型腔图样要求，编制数控铣床加工程序，操作数控铣床加工型腔。选用正确的量具和检测方法，检测零件质量，提交合格产品。按机床维护与保养要求，完成机床的维护与保养工作；按工作现场管理规范，打扫场地，归置物品；按环保要求处理加工废屑、废液。

零件图

J—J
5.03±0.01
Ra 0.032
I
Ra 0.8
φ6
20±0.01
9
48
82.5
13
Ra 1.6
8×φ3.63
I
2：1
8×φ0.8
R1.5
R1.01
45°
3°
Ra 0.8
R12
4×M8↧12
孔↧14
8×φ(12.06±0.01)
146
5×G1/8
32.16
15
62.16
126.16
165
Ra 6.3
技术要求
1. 倒钝锐边为C1。
2. 成型表面要求抛光至Ra0.032μm。
型腔
比例
件数
1
制图
质量
材料
3Cr2Mo
描图
审核

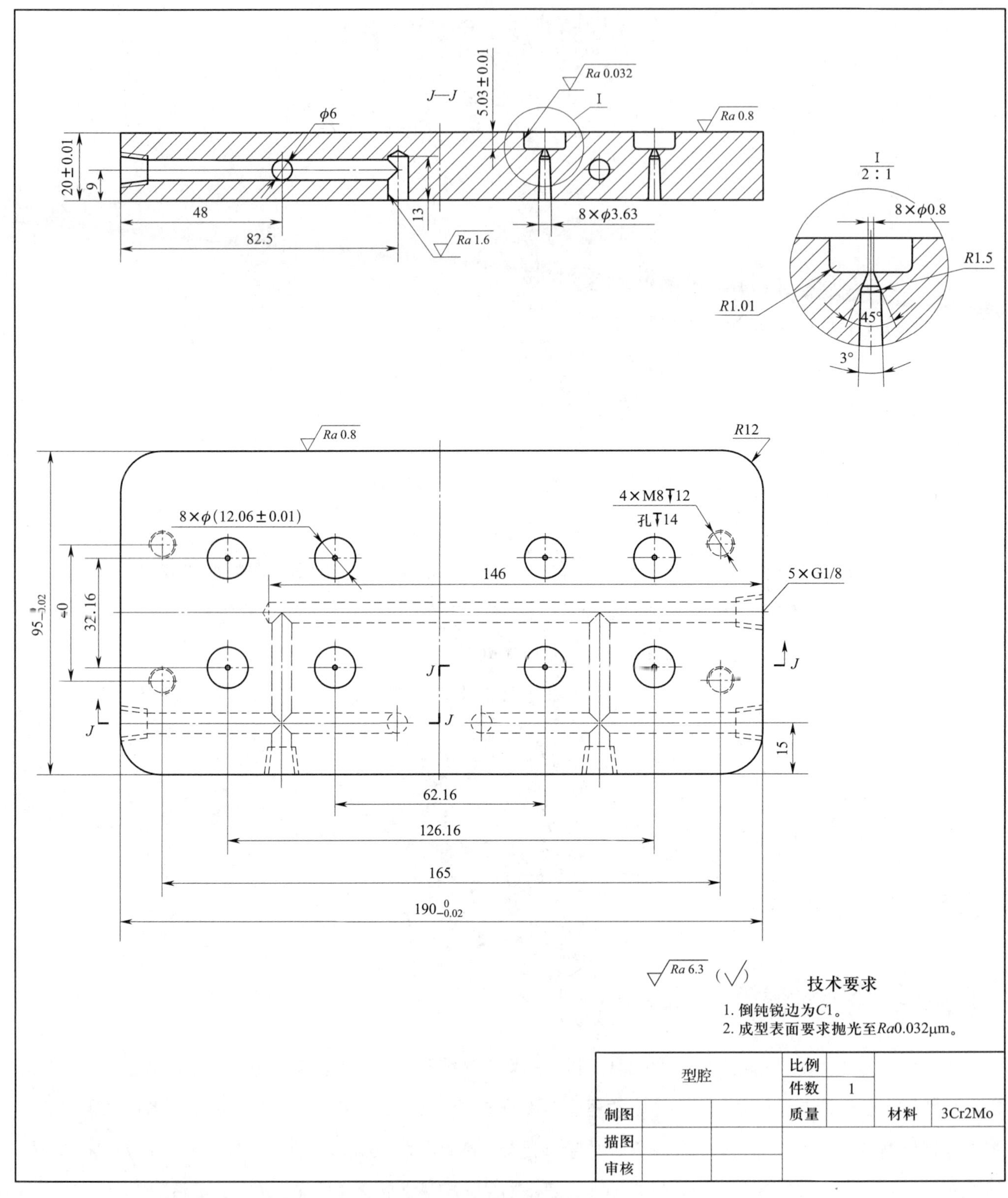

图 2-1　型腔

工作流程与活动

1. 接受工作任务，明确工作要求（1 学时）
2. 型腔材料的选择（1 学时）
3. 数控铣床的操作与编程（3 学时）
4. 型腔加工程序编制与加工（8 学时）
5. 工作总结，成果展示，经验交流（2 学时）

学习活动 1　接受工作任务，明确工作要求

学习目标

1. 能主动接受工作任务，明确任务要求。
2. 能说出玩具车车轮双分型面塑料成型模型腔的作用。
3. 能分析型腔零件图样，明确加工要求。
4. 能制订合理的型腔加工工作计划。
5. 能在工作中应用专业术语进行交流。

建议学时：1 学时。

学习过程

1　阅读生产派工单（表 2–1）。

表 2–1　　生产派工单

单号：＿＿＿＿＿　开单部门：＿＿＿＿＿　开单人：＿＿＿＿＿＿＿＿＿＿
开单时间：＿＿年＿＿月＿＿日＿＿时　接单人：＿＿＿部＿＿＿小组＿＿＿（签名）

<table>
<tr><td colspan="5">以下由开单人填写</td></tr>
<tr><td>产品名称</td><td>型腔</td><td colspan="2">完成工时</td><td></td></tr>
<tr><td>产品技术要求</td><td colspan="4">按图样加工，满足使用功能要求</td></tr>
<tr><td colspan="5">以下由接单人和确认方填写</td></tr>
<tr><td>领取材料
（含消耗品）</td><td></td><td rowspan="2">成本
核算</td><td colspan="2" rowspan="2">金额合计：

仓管员（签名）

年　月　日</td></tr>
<tr><td>领用工具</td><td></td></tr>
</table>

续表

操作者检测		（签名） 年　月　日
班组检测		（签名） 年　月　日
质检员检测	□合格　□不良　□返修　□报废	（签名） 年　月　日

2．在塑料成型模生产中，三板模与两板模最为常见，查阅资料，说明三板模与两板模中型腔的区别。

3．小组讨论玩具车车轮双分型面塑料成型模中型腔的作用。

4．利用软件绘制型腔零件图，并打印出来粘贴于下方框格中。

5．在世界技能大赛的评分规则中，型腔成型表面的主要尺寸偏差为 ±0.01 mm，次要尺寸偏差为 ±0.02 mm，加工要求较高。分析型腔零件图，明确零件各种加工要求，填写表 2–2。

表 2–2 型腔加工要求

序号	项目	内容	加工要求
1	主要加工尺寸		
2	表面粗糙度		

6．根据型腔加工内容，制订型腔加工工作计划，填写表 2–3。

表 2–3 型腔加工工作计划

序号	开始时间	结束时间	工作内容	工作要求	备注

评价与分析

学习活动过程评价表

<table>
<tr><td>班级</td><td></td><td>姓名</td><td></td><td>学号</td><td></td><td>日期</td><td colspan="2">年 月 日</td></tr>
<tr><td>序号</td><td colspan="2">评价内容和描述</td><td colspan="3">评价细则</td><td>配分</td><td>得分</td><td>总评</td></tr>
<tr><td>1</td><td colspan="2">能说出玩具车车轮双分型面塑料成型模型腔的作用</td><td colspan="3">一处不完整或不准确扣 5 分</td><td>20</td><td></td><td rowspan="4">A □
（86 ~ 100 分）
B □
（76 ~ 85 分）
C □
（60 ~ 75 分）
D □
（60 分以下）</td></tr>
<tr><td>2</td><td colspan="2">能说出型腔的主要加工尺寸、几何公差及表面粗糙度等要求</td><td colspan="3">一处不完整或不准确扣 5 分</td><td>30</td><td></td></tr>
<tr><td>3</td><td colspan="2">能制订合理的型腔加工工作计划</td><td colspan="3">一处不合理扣 5 分</td><td>40</td><td></td></tr>
<tr><td>4</td><td colspan="2">能积极参与小组讨论，运用专业术语与他人交流（小组长对成员打分）</td><td colspan="3">参与积极性高，合作意识好得 10 分；参与积极性一般，合作意识一般得 5 分；参与积极性差，合作意识差得 1 分</td><td>10</td><td></td></tr>
<tr><td>小结
建议</td><td colspan="8"></td></tr>
</table>

学习活动 2　型腔材料的选择

学习目标

1. 能说出模具材料的选择原则。

2. 能说出模具零件常用材料的热处理方法、硬度及用途等。

3. 能正确检测模具材料的硬度。

4. 能正确选择模具型腔材料。

建议学时：1 学时。

学习过程

1．通常模具材料的选择与产品材质、生产批量等都有关系，选择合理的模具材料十分重要。查阅相关资料，说明模具材料的选择原则。

2．通过查阅相关资料了解常用塑料成型模材料牌号及用途等，填写表 2–4。

表 2–4　　常用塑料成型模材料

序号	牌号	热处理方法	硬度	用途
1	Cr12	淬火	54 ~ 58HRC	用于形状复杂、要热处理变形的型腔、型芯或镶件
2	20CrMnMo	渗碳、淬火		
3	5CrMnMo	渗碳、淬火	54 ~ 58HRC	
4	3Cr2W8V	调质、渗碳		
5	3Cr2Mo		36 ~ 38HRC	
6	8CrMn			
7	45	调质、淬火		用于形状简单、加工精度要求不高的型芯、型腔
8	4Cr5MoSiVS			
9	5NiSCa			

3．世赛选手黄灿杰在总结塑料模具工程项目获奖经验时曾指出，材料的硬度在很大程度上影响抛光表面的质量，45 钢质地偏软，抛光过程中稍不注意，容易在抛光表面上留下很深的油石痕迹；而世赛选用的 3Cr2Mo 的硬度为 36 ~ 38HRC，在满足加工性能的同时能满足抛光性能。由此可见，选用合适硬度的钢材非常重要。查阅资料，回答下面的问题。

（1）说明 3Cr2Mo 作为模具成型零件材料应具备的性能。

（2）说明常见的材料硬度检测方法。

4．世界技能大赛塑料模具工程项目使用的产品成型材料为聚苯乙烯。查阅资料，说明该材料的特性及成型条件。

评价与分析

学习活动过程评价表

<table>
<tr><td>班级</td><td></td><td>姓名</td><td></td><td>学号</td><td></td><td>日期</td><td colspan="2">年　月　日</td></tr>
<tr><td>序号</td><td colspan="2">评价内容和描述</td><td colspan="3">评价细则</td><td>配分</td><td>得分</td><td>总评</td></tr>
<tr><td>1</td><td colspan="2">能说出模具材料的选择原则</td><td colspan="3">一处不完整或不准确扣 5 分</td><td>20</td><td></td><td rowspan="5">A □
（86 ~ 100 分）
B □
（76 ~ 85 分）
C □
（60 ~ 75 分）
D □
（60 分以下）</td></tr>
<tr><td>2</td><td colspan="2">能说出模具零件常用材料的热处理方法、硬度及用途等</td><td colspan="3">一处不正确扣 5 分</td><td>20</td><td></td></tr>
<tr><td>3</td><td colspan="2">能正确检测模具材料的硬度</td><td colspan="3">一处不正确扣 5 分</td><td>20</td><td></td></tr>
<tr><td>4</td><td colspan="2">能正确选择模具型腔材料</td><td colspan="3">不正确不得分</td><td>30</td><td></td></tr>
<tr><td>5</td><td colspan="2">能积极参与小组讨论，运用专业术语与他人交流（小组长对成员打分）</td><td colspan="3">参与积极性高，合作意识好得 10 分；参与积极性一般，合作意识一般得 5 分；参与积极性差，合作意识差得 1 分</td><td>10</td><td></td></tr>
<tr><td>小结
建议</td><td colspan="8"></td></tr>
</table>

学习活动 3　数控铣床的操作与编程

学习目标

1. 能说出数控铣床的组成及工作原理。
2. 能按安全规程规范操作数控铣床。
3. 能掌握数控铣床的编程基础知识。
4. 能对数控铣床进行维护与保养。
5. 能在工作现场执行 7S 管理规定。

建议学时：3 学时。

学习过程

1．在世界技能大赛中，常见数控铣床（图 2–2）的应用。数控铣床的应用，降低了模具制造对钳工经验的过分依赖，使模具制造发生了革命性的变化。数控铣床不仅可以加工平面和孔，而且使各种复杂曲面的加工变得轻而易举，其高效率、高精度的特点大大地减少了模具加工中的手工劳动，明显地缩短了模具制造周期。

图 2–2　数控铣床

查阅资料，说明数控铣床的组成及工作原理。

2．数控铣床发展至今已经开发了多种系统，国内使用的主流系统有 FANUC（法兰克）、SIEMENS（西门子）、华中系统、广数系统等；在第 45 届世界技能大赛塑料模具工程项目中，采用的是西门子系统，该系统采用彩色液晶显示屏和全键盘，可以直接输入程序文本、刀具名称以及文本语言指令，系统操作简便，具有良好的人机交互性能。

下面以西门子 828D 系统为例介绍数控铣床的操作与编程。

（1）图 2–3a 中两个框分别框出的是什么界面区域？图 2–3b 中四个框分别框出的是什么界面区域？

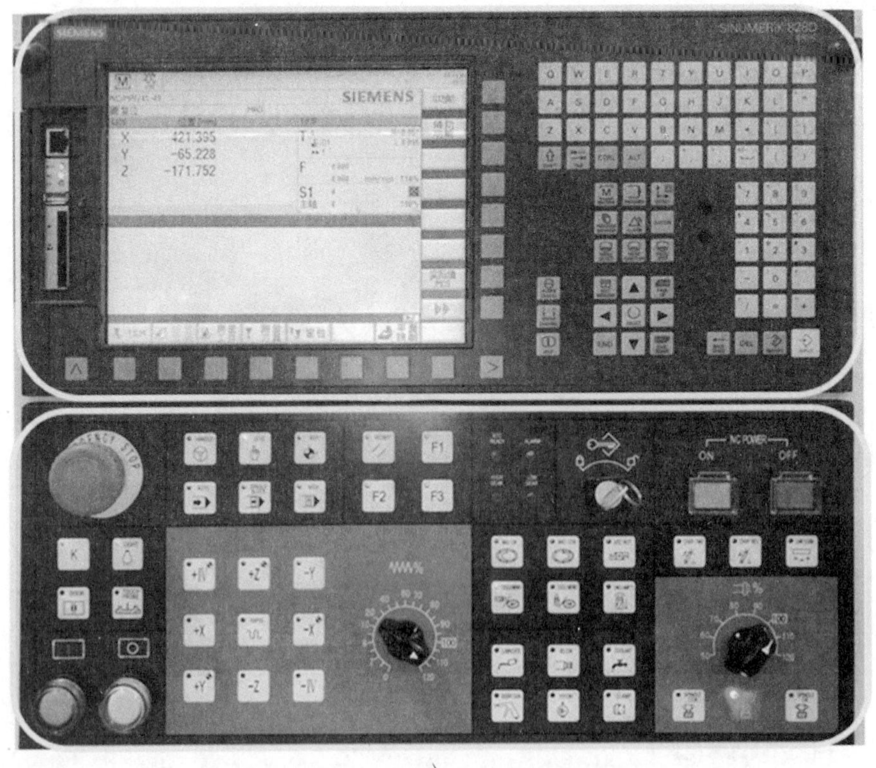

a）

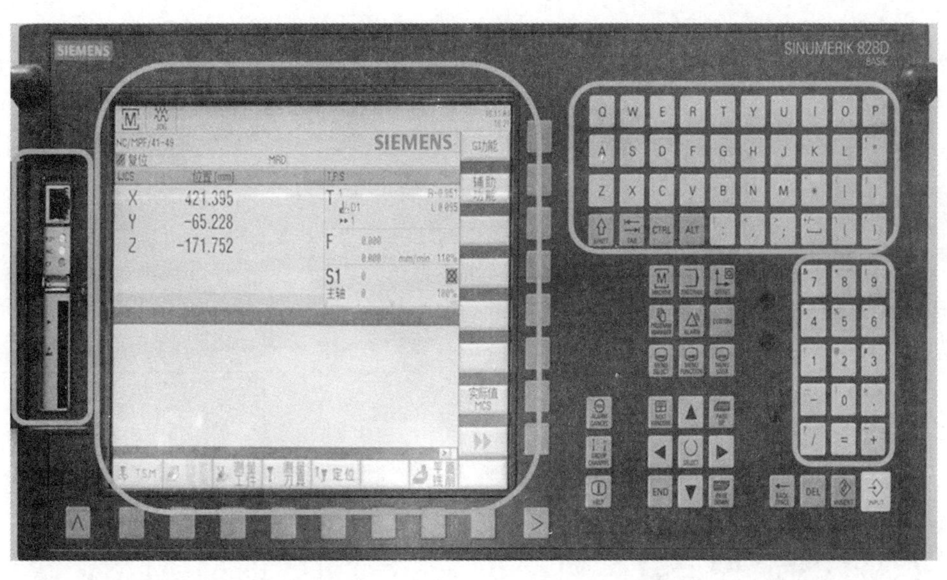

b)

图 2–3　数控铣床操作面板

（2）查阅相关资料，完成表 2–5。

表 2–5　按键功能

<table>
<tr><th>区域</th><th>图示</th><th colspan="4">按键功能</th></tr>
<tr><td rowspan="7">数控系统
区域</td><td rowspan="3"> 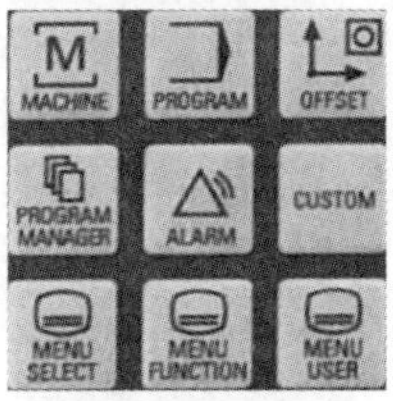</td><td></td><td colspan="2"></td><td></td></tr>
<tr><td></td><td colspan="2"></td><td></td></tr>
<tr><td></td><td colspan="2"></td><td></td></tr>
<tr><td rowspan="3"> 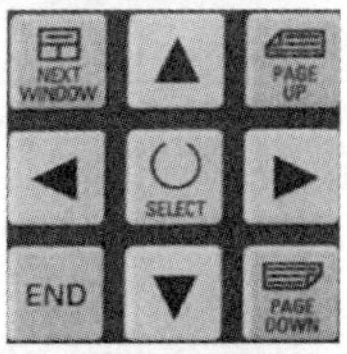</td><td></td><td colspan="2"></td><td></td></tr>
<tr><td></td><td colspan="2"></td><td></td></tr>
<tr><td></td><td colspan="2"></td><td></td></tr>
<tr><td> </td><td></td><td></td><td></td><td></td></tr>
</table>

续表

区域	图示	按键功能
机床控制区域	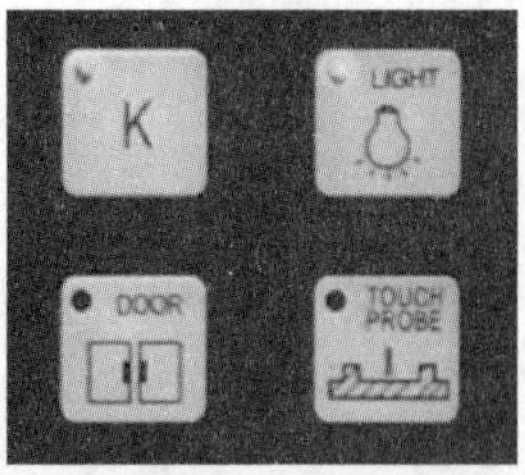 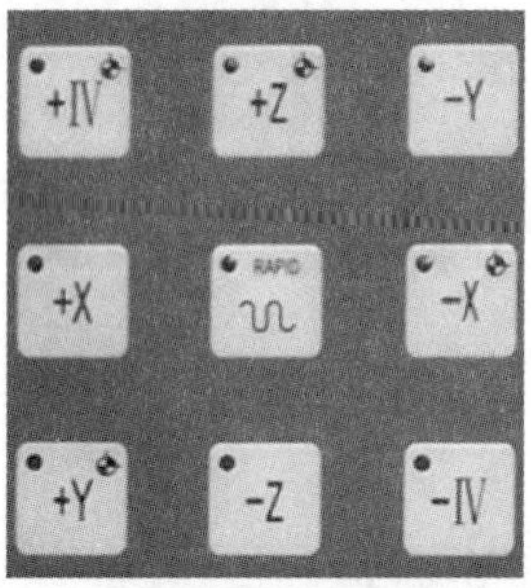	

	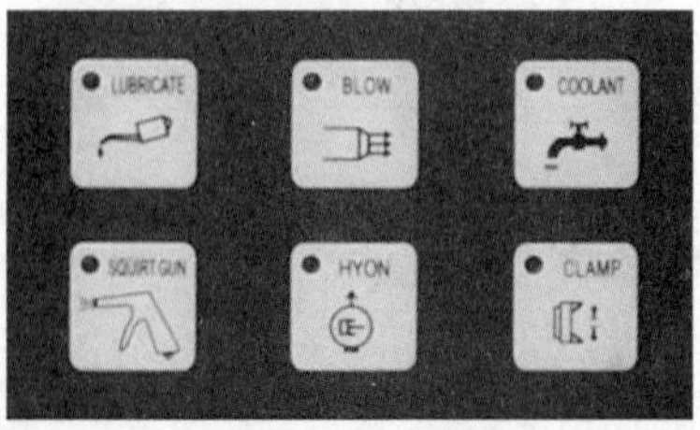	

（3）结合表 2–6 的图示，写出数控铣床开机、关机操作步骤。

表 2–6　　数控铣床开机、关机操作步骤

图示	操作步骤
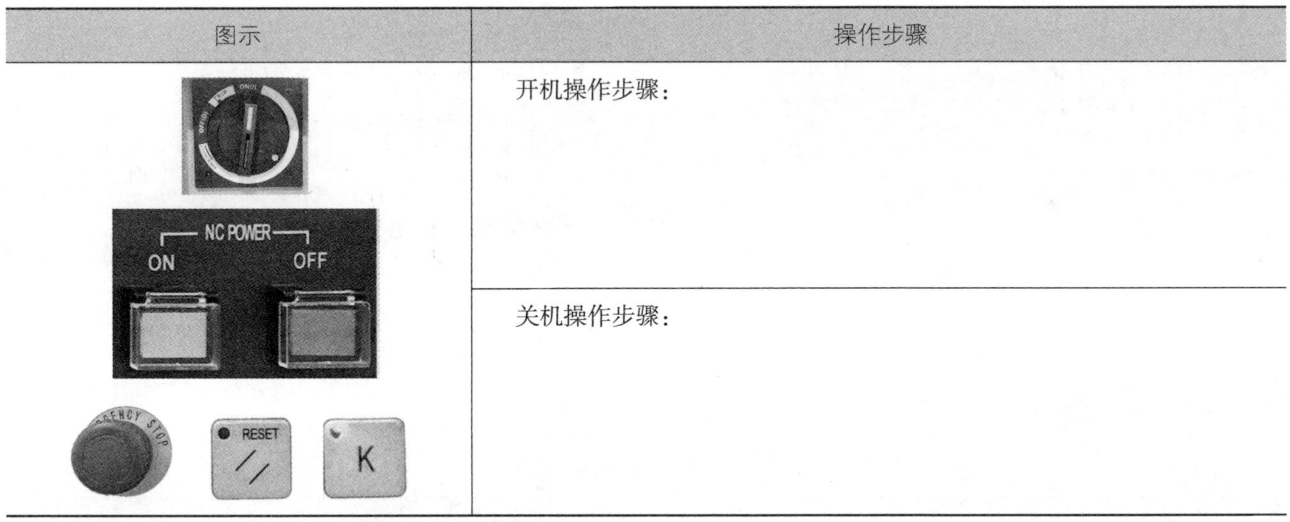	开机操作步骤：
	关机操作步骤：

3．为保证数控铣床的设备安全，操作者必须按照数控铣床的安全操作规程操作机床。查阅相关资料，写出数控铣床的安全操作规程。

4．数控铣床编程基础知识

（1）操作系统为西门子 828D 的数控铣床是常见的三轴机床，具有 *X*、*Y*、*Z* 三个轴向，正确建立数控铣床的机床坐标系对于编程及零件装夹尤为重要。查阅资料，说明如何确定数控铣床的机床坐标系。

（2）准备功能 G 指令由 G 及其后面的数字组成，用来规定刀具和零件的相对运动轨迹、机床坐标系、坐标平面、刀具补偿、坐标偏置等多种加工操作。好的世赛选手能做到熟练应用这些指令编写程序。G 指令有模态指令和非模态指令之分，什么是模态指令？什么是非模态指令？

查阅资料，在表 2–7 中写出 G 指令的含义。

表 2–7　G 指令的含义

G 指令	含义
G00	
G01	
G02	
G03	
G17	
G18	
G19	
G28	
G40	
G41	
G42	
G43	
G44	
G49	
G54	
G80	
G81	
G73	
G83	
G76	

续表

G 指令	含义
G86	
G98	
G99	
G90	
G91	

（3）辅助功能 M 指令由 M 和其后的数字组成，主要用于控制零件程序的走向，以及机床各种辅助功能的开关动作。M 指令有模态指令和非模态指令之分，二者各有什么特点?

查阅资料，在表 2–8 中写出 M 指令的含义。

表 2–8　　M 指令的含义

M 指令	含义
M00	
M01	
M02	
M03	
M04	
M05	
M06	
M07	
M08	
M09	
M19	
M25	
M30	
M98	
M99	

（4）通常数控铣床的程序分为三部分：程序头、程序内容、程序结束。程序内容是整个程序的核心，由许多程序段组成。每一个程序段由一个或多个指令构成。查阅资料，写出下面程序段的含义。

1）N1　G90　G54　G0　X0　Y0　S1000　M03；

2）N2　G17　G03　X0　Y25　R25　F200；

（5）为图 2–4 所示简单零件编写完整的加工程序。

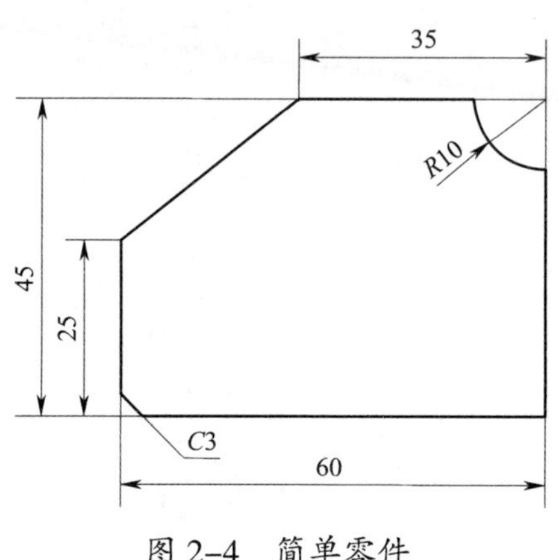

图 2–4　简单零件

5．查阅资料，简述数控铣床的维护与保养内容。

评价与分析

学习活动过程评价表

班级		姓名		学号		日期	年　月　日
序号	评价内容和描述		评价细则		配分	得分	总评
1	能说出数控铣床的组成及工作原理		一处不完整或不准确扣 1 分		10		A □ （86 ~ 100 分） B □ （76 ~ 85 分） C □ （60 ~ 75 分） D □ （60 分以下）
2	能说出数控铣床操作面板按键功能		一处不完整或不准确扣 2 分		20		
3	能正确地对数控铣床进行开机、关机操作		一处不正确扣 2 分		10		
4	能说出数控铣床的安全操作规程		一处不完整或不准确扣 2 分		10		
5	能说出数控铣床常用编程指令的含义		一处不正确扣 2 分		20		
6	能对数控铣床进行维护与保养		一处不正确扣 2 分		10		
7	能在工作现场执行 7S 管理规定		能够执行 7S 管理规定中的 5 ~ 6 条得 10 分，能够执行 7S 管理规定中的 3 ~ 4 条得 5 分，能够执行 7S 管理规定中的 1 ~ 2 条得 1 分		10		
8	能积极参与小组讨论，运用专业术语与他人交流（小组长对成员打分）		参与积极性高，合作意识好得 10 分；参与积极性一般，合作意识一般得 5 分；参与积极性差，合作意识差得 1 分		10		
小结建议							

学习活动 4　型腔加工程序编制与加工

学习目标

1. 能合理编制型腔加工工艺卡。
2. 能根据型腔特征正确选择工具、量具、刀具。
3. 能选择合理的加工参数，完成型腔加工程序的编制。
4. 能独立操作数控铣床完成型腔的加工。
5. 能正确检测型腔加工质量。
6. 能在工作现场执行 7S 管理规定。

建议学时：8 学时。

学习过程

1．型腔的加工特点是粗加工时有大量加工余量要被切除，一般采用分层铣削的方法。查阅资料，明确各种加工刀具的切削性能及参数，从高效、节能、环保等角度出发，分组讨论型腔的加工工艺，并编制型腔加工工艺卡（表 2–9）。

表 2–9　　型腔加工工艺卡

			材料		图号			
			产品数量		零件名称		共　页	第　页
工序号	工序名称	工序内容	车间	工段	设备	工艺装备	工时	
							准终	单件

续表

工序号	工序名称	工序内容	车间	工段	设备	工艺装备	工时	
							准终	单件

2．根据加工工艺卡领取工具、量具、刀具，并检查它们的状况及功能，填写工具、量具、刀具清单（表 2-10）。

表 2-10　　工具、量具、刀具清单

序号	名称	规格	数量	备注

3．写出型腔的数控铣床加工程序。

4．好的世赛选手在完成加工程序编制后，会在上机之前复检一遍，保证加工无差错。请将加工自检表（表 2–11）补充完整，并核对无误后进行加工，如有问题及时反映给任课教师进行处理。

表 2–11 加工自检表

序号	自检内容	是否核对
1	模具名称、模具编号、零件名称是否正确	
2	加工工艺是否合理	
3	零件备料尺寸是否正确	
4	编程坐标与零件基准是否一致	
5	垂直侧壁加工，检查刀刃长度是否合适	
6	刀路是否优化	
7	安全高度是否设置在高于零件 10 mm 以上，抬刀快速移动无干涉	
8	刀具是否会切到台虎钳、机用虎钳、压板等	
9	零件材质是否清楚，或是否有特殊要求	
10	零件采用的装夹方式和装夹位置是否合理	
11	是否已按照车间规定穿戴劳动保护用品	
12	刀具装夹是否牢固，长度是否合适	
13	是否清除上一加工零件的刀具补偿	
14	第一刀试切是否无误	
15		
16		
17		
18		

5．独立操作数控铣床完成型腔的加工，并在表 2–12 中记录加工过程中出现的问题及解决方法。

表 2–12 加工过程中出现的问题及解决方法

问题	解决方法

续表

问题	解决方法

6．按照图样要求检测型腔的各项指标是否合格，完成表 2–13。

表 2–13　　型腔加工质量检测

序号	检测特征	理论尺寸	实际检测尺寸	是否合格

评价与分析

学习活动过程评价表

<table>
<tr><td>班级</td><td></td><td>姓名</td><td></td><td>学号</td><td></td><td>日期</td><td colspan="2">年　月　日</td></tr>
<tr><td>序号</td><td colspan="2">评价内容和描述</td><td colspan="3">评价细则</td><td>配分</td><td>得分</td><td>总评</td></tr>
<tr><td>1</td><td colspan="2">能合理编制型腔加工工艺卡</td><td colspan="3">一处不合理扣 2 分</td><td>10</td><td></td><td rowspan="7">A □
（86 ～ 100 分）
B □
（76 ～ 85 分）
C □
（60 ～ 75 分）
D □
（60 分以下）</td></tr>
<tr><td>2</td><td colspan="2">能根据型腔特征正确选择工具、量具、刀具</td><td colspan="3">一处不正确扣 2 分</td><td>10</td><td></td></tr>
<tr><td>3</td><td colspan="2">能选择合理的加工参数，完成型腔加工程序的编制</td><td colspan="3">一处不合理扣 4 分</td><td>20</td><td></td></tr>
<tr><td>4</td><td colspan="2">能独立操作数控铣床完成型腔的加工</td><td colspan="3">能独立完成得 20 分，在教师或同学协助下完成得 10 分，不能完成不得分</td><td>20</td><td></td></tr>
<tr><td>5</td><td colspan="2">能正确检测型腔加工质量</td><td colspan="3">一处检测方法不正确扣 4 分，一处加工质量不合格扣 5 分</td><td>20</td><td></td></tr>
<tr><td>6</td><td colspan="2">能在工作现场执行 7S 管理规定</td><td colspan="3">能够执行 7S 管理规定中的 5 ～ 6 条得 10 分，能够执行 7S 管理规定中的 3 ～ 4 条得 5 分，能够执行 7S 管理规定中的 1 ～ 2 条得 1 分</td><td>10</td><td></td></tr>
<tr><td>7</td><td colspan="2">能积极参与小组讨论，运用专业术语与他人交流（小组长对成员打分）</td><td colspan="3">参与积极性高，合作意识好得 10 分；参与积极性一般，合作意识一般得 5 分；参与积极性差，合作意识差得 1 分</td><td>10</td><td></td></tr>
<tr><td>小结
建议</td><td colspan="8"></td></tr>
</table>

学习活动 5　工作总结，成果展示，经验交流

学习目标

1. 能规范撰写工作总结。
2. 能采用多种形式进行成果展示。
3. 能有效进行工作反馈与经验交流。

建议学时：2 学时。

学习过程

一、展示与评价

把小组制作好的玩具车车轮双分型面塑料成型模的型腔先进行分组展示，再由小组推荐代表做必要的介绍。在展示的过程中，以组为单位进行评价；评价完成后，根据其他组成员对本组展示成果的评价意见进行归纳总结。完成如下项目：

1．展示的产品符合技术标准吗？

符合□　　不符合□　　可返修□　　直接报废□

2．与其他组相比，你认为本小组的产品工艺如何？

工艺优化□　　工艺合理□　　工艺一般□

3．本小组介绍成果表达是否清晰？

很清晰□　　一般，常补充□　　不清晰□

4．本小组演示产品检测方法操作正确吗？

正确□　　部分正确□　　不正确□

5．本小组演示操作时遵循 7S 管理规定了吗？

遵循了□　　部分遵循□　　完全没有遵循□

6．本小组成员的团队创新精神如何？

良好□　　一般□　　不足□

7．总结本次任务是否达到学习目标。如果没有达到学习目标，分析并写出哪部分内容没有学好，然后返回到相应处补充学习。

二．教师评价

对各组的展示过程及型腔加工质量进行点评，对不足的地方提出改进方法。

三、综合评价

结合自身完成任务情况，通过交流讨论等方式较全面、规范地撰写本任务的工作总结。

工作总结（心得体会）

评价与分析

学习任务二评价表

班级：________ 姓名：________ 学号：________

项目	自我评价			小组评价			教师评价		
	10 ~ 9	8 ~ 6	5 ~ 1	10 ~ 9	8 ~ 6	5 ~ 1	10 ~ 9	8 ~ 6	5 ~ 1
	占总评 10%			占总评 30%			占总评 60%		
学习活动 1									
学习活动 2									
学习活动 3									
学习活动 4									
学习活动 5									
协作精神									
纪律观念									
表达能力									
工作态度									
小计									
总评									

任课教师：________ ________年________月________日

学习任务三　玩具车车轮双分型面塑料成型模型芯加工

学习目标

1. 能分析型芯零件图样，明确加工要求。

2. 能制订合理的型芯加工工作计划。

3. 能合理编制型芯加工工艺卡。

4. 能选择合理的加工参数，完成型芯加工程序的编制。

5. 能独立操作数控铣床完成型芯的加工。

6. 能正确检测型芯加工质量。

7. 能在工作过程中严格执行企业操作规范、安全生产制度、环保管理制度以及 7S 管理规定，严格遵守从业人员的职业道德，具有吃苦耐劳、爱岗敬业的工作态度和职业责任感。

8. 能与班组长、工具管理员等相关人员进行有效的沟通与合作。

9. 能主动展示并汇报工作成果，对工作过程中出现的问题进行反思与总结，从而优化方案和策略，并具备知识迁移能力。

建议学时

15 学时。

工作情景描述

通过查阅相关资料了解型芯（图 3–1）材料的切削性能和力学性能，通过小组讨论，确定型芯的加工方法和加工步骤，编制型芯加工工艺卡。根据型芯图样要求，编制数控铣床加工程序，操作数控铣床加工型芯。选用正确的量具和检测方法，检测零件质量，提交合格产品。按机床维护与保养要求，完成机床的维护与保养工作；按工作现场管理规范，打扫场地，归置物品；按环保要求处理加工废屑、废液。

零件图

L
R12
4×M8
L
L
8×φ5.5
62.16
126.16
165
190±0.01
L
L
32.16
40
95±0.01
L
L—L
8×φ(9.05±0.01)
4°
4°
Ra 0.4
3.52±0.01
3.52
Ra 0.8
15±0.01
技术要求
1. 倒钝锐边为C1。
2. 成型表面要求抛光至Ra0.4μm。
Ra 6.3 (√)
型芯
比例
件数
1
制图
质量
材料
3Cr2Mo
描图
审核

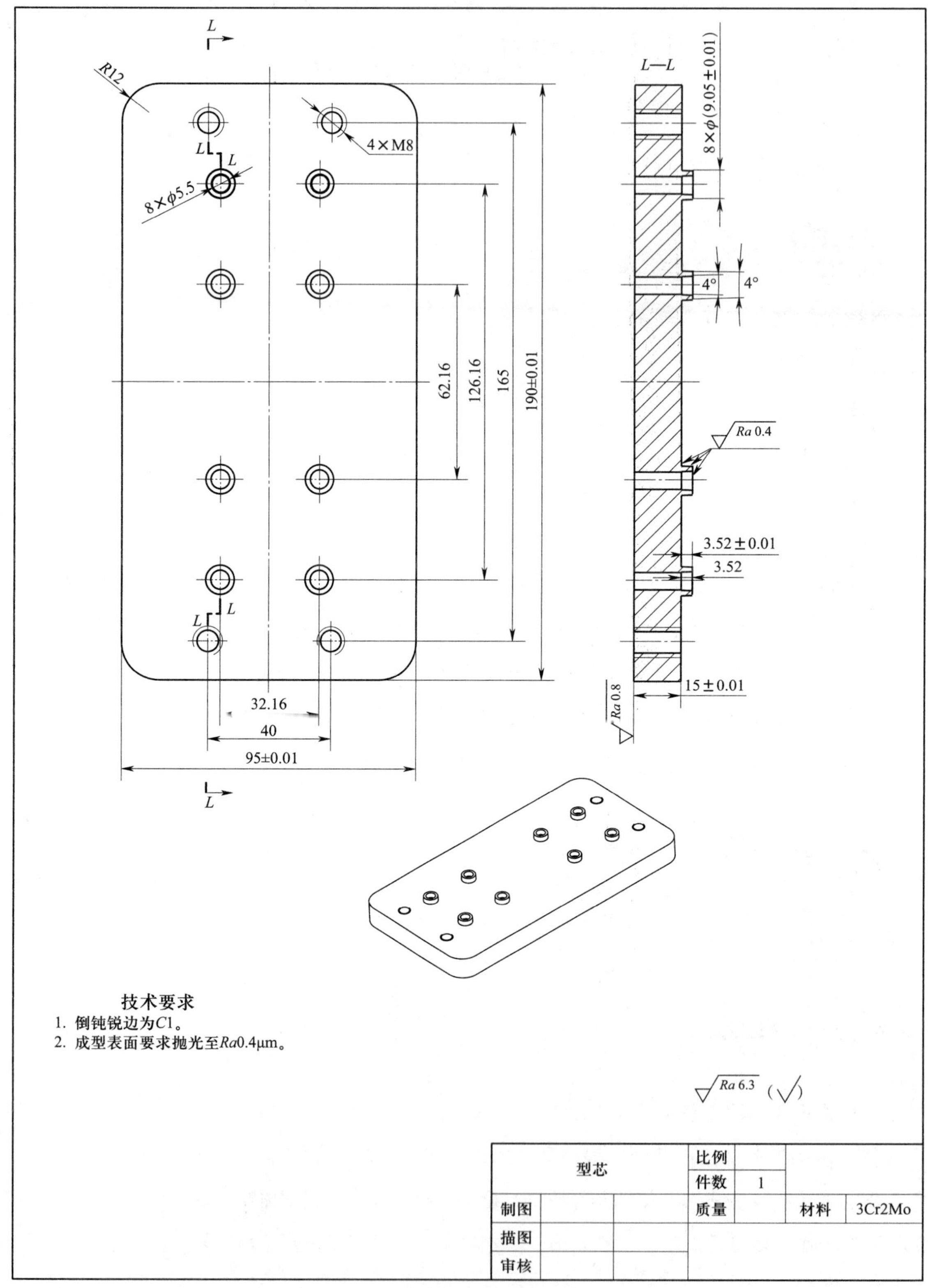

图 3-1　型芯

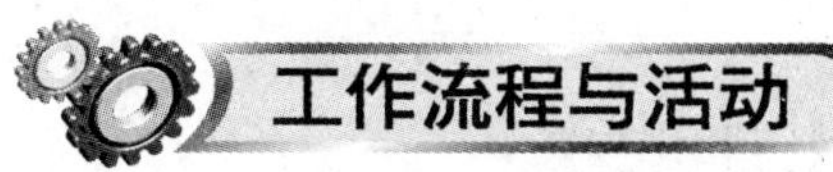

工作流程与活动

1．接受工作任务，明确工作要求（1 学时）

2．型芯加工程序编制与加工（12 学时）

3．工作总结，成果展示，经验交流（2 学时）

学习活动1 接受工作任务，明确工作要求

学习目标

1. 能主动接受工作任务，明确任务要求。

2. 能说出玩具车车轮双分型面塑料成型模型芯的作用及特点。

3. 能分析型芯零件图样，明确加工要求。

4. 能制订合理的型芯加工工作计划。

5. 能在工作中应用专业术语进行交流。

建议学时：1学时。

学习过程

1．阅读生产派工单（表3-1）。

表3-1 生产派工单

单号：__________ 开单部门：__________ 开单人：________________

开单时间：_____年_____月___日___时 接单人：______部______小组______（签名）

以下由开单人填写			
产品名称	型芯	完成工时	
产品技术要求	按图样加工，满足使用功能要求		
以下由接单人和确认方填写			
领取材料（含消耗品）		成本核算	金额合计： 仓管员（签名） 年 月 日
领用工具			

续表

操作者检测		（签名） 年　月　日
班组检测		（签名） 年　月　日
质检员检测	□合格　□不良　□返修　□报废	（签名） 年　月　日

2．小组讨论，写出玩具车车轮双分型面塑料成型模型芯的作用及特点。

3．利用软件绘制型芯零件图，并打印出来粘贴于下方框格中。

4．在世界技能大赛的评分规则中，型芯成型表面的主要尺寸偏差为 ±0.01 mm，次要尺寸偏差为 ±0.02 mm，加工要求较高。分析型芯零件图，明确零件各种加工要求，填写表 3–2。

表 3–2　　型芯加工要求

序号	项目	内容	加工要求
1	主要加工尺寸		
2	表面粗糙度		

5．根据型芯加工内容，制订型芯加工工作计划，填写表 3–3。

表 3–3　　型芯加工工作计划

序号	开始时间	结束时间	工作内容	工作要求	备注

评价与分析

学习活动过程评价表

<table>
<tr><td>班级</td><td></td><td>姓名</td><td></td><td>学号</td><td></td><td>日期</td><td colspan="2">年　月　日</td></tr>
<tr><td>序号</td><td colspan="2">评价内容和描述</td><td colspan="3">评价细则</td><td>配分</td><td>得分</td><td>总评</td></tr>
<tr><td>1</td><td colspan="2">能说出玩具车车轮双分型面塑料成型模型芯的作用及特点</td><td colspan="3">一处不完整或不准确扣 5 分</td><td>20</td><td></td><td rowspan="4">A □
（86 ~ 100 分）
B □
（76 ~ 85 分）
C □
（60 ~ 75 分）
D □
（60 分以下）</td></tr>
<tr><td>2</td><td colspan="2">能说出型芯的主要加工尺寸、几何公差及表面粗糙度等要求</td><td colspan="3">一处不完整或不准确扣 5 分</td><td>30</td><td></td></tr>
<tr><td>3</td><td colspan="2">能制订合理的型芯加工工作计划</td><td colspan="3">一处不合理扣 5 分</td><td>30</td><td></td></tr>
<tr><td>4</td><td colspan="2">能积极参与小组讨论，运用专业术语与他人交流（小组长对成员打分）</td><td colspan="3">参与积极性高，合作意识好得 20 分；参与积极性一般，合作意识一般得 10 分；参与积极性差，合作意识差得 1 分</td><td>20</td><td></td></tr>
<tr><td>小结
建议</td><td colspan="8"></td></tr>
</table>

学习活动 2　型芯加工程序编制与加工

学习目标

1. 能合理编制型芯加工工艺卡。
2. 能根据型芯特征正确选择工具、量具、刀具。
3. 能选择合理的加工参数，完成型芯加工程序的编制。
4. 能独立操作数控铣床完成型芯的加工。
5. 能正确检测型芯加工质量。
6. 能在工作现场执行 7S 管理规定。

建议学时：12 学时。

学习过程

1．查阅资料，明确各种加工刀具的切削性能及参数，从高效、节能、环保等角度出发，分组讨论型芯的加工工艺，并编制型芯加工工艺卡（表 3–4）。

表 3–4　型芯加工工艺卡

			材料		图号			
			产品数量		零件名称		共　页	第　页
工序号	工序名称	工序内容	车间	工段	设备	工艺装备	工时	
							准终	单件

续表

工序号	工序名称	工序内容	车间	工段	设备	工艺装备	工时	
							准终	单件

2．根据型芯加工工艺卡领取工具、量具、刀具，并检查它们的状况及功能，填写工具、量具、刀具清单（表 3–5）。

表 3–5　　工具、量具、刀具清单

序号	名称	规格	数量	备注

3．完成程序编制，写出型芯数控铣床加工程序。

4．程序自检后，独立操作数控铣床完成型芯的加工，并在表 3–6 中记录加工过程中出现的问题及解决方法。

表 3–6　　加工过程中出现的问题及解决方法

问题	解决方法

5．按照图样要求检测型芯的各项指标是否合格，完成表 3–7。

表 3–7　　型芯加工质量检测

序号	检测特征	理论尺寸	实际检测尺寸	是否合格

评价与分析

学习活动过程评价表

<table>
<tr><td>班级</td><td></td><td>姓名</td><td></td><td>学号</td><td></td><td>日期</td><td colspan="2">年　月　日</td></tr>
<tr><td>序号</td><td colspan="2">评价内容和描述</td><td colspan="3">评价细则</td><td>配分</td><td>得分</td><td>总评</td></tr>
<tr><td>1</td><td colspan="2">能合理编制型芯加工工艺卡</td><td colspan="3">一处不合理扣 2 分</td><td>10</td><td></td><td rowspan="7">A □
（86 ~ 100 分）

B □
（76 ~ 85 分）

C □
（60 ~ 75 分）

D □
（60 分以下）</td></tr>
<tr><td>2</td><td colspan="2">能根据型芯特征正确选择工具、量具、刀具</td><td colspan="3">一处不正确扣 5 分</td><td>10</td><td></td></tr>
<tr><td>3</td><td colspan="2">能选择合理的加工参数，完成型芯加工程序的编制</td><td colspan="3">一处不合理扣 4 分</td><td>20</td><td></td></tr>
<tr><td>4</td><td colspan="2">能独立操作数控铣床完成型芯的加工</td><td colspan="3">能独立完成得 20 分，在教师或同学协助下完成得 10 分，不能完成不得分</td><td>20</td><td></td></tr>
<tr><td>5</td><td colspan="2">能正确检测型芯加工质量</td><td colspan="3">一处检测方法不正确扣 4 分，一处加工质量不合格扣 5 分</td><td>20</td><td></td></tr>
<tr><td>6</td><td colspan="2">能在工作现场执行 7S 管理规定</td><td colspan="3">能够执行 7S 管理规定中的 5 ~ 6 条得 10 分，能够执行 7S 管理规定中的 3 ~ 4 条得 5 分，能够执行 7S 管理规定中的 1 ~ 2 条得 1 分</td><td>10</td><td></td></tr>
<tr><td>7</td><td colspan="2">能积极参与小组讨论，运用专业术语与他人交流（小组长对成员打分）</td><td colspan="3">参与积极性高，合作意识好得 10 分；参与积极性一般，合作意识一般得 5 分；参与积极性差，合作意识差得 1 分</td><td>10</td><td></td></tr>
<tr><td>小结
建议</td><td colspan="8"></td></tr>
</table>

学习活动3　工作总结，成果展示，经验交流

1. 能规范撰写工作总结。
2. 能采用多种形式进行成果展示。
3. 能有效进行工作反馈与经验交流。

建议学时：2学时。

一、展示与评价

把小组制作好的玩具车车轮双分型面塑料成型模的型芯制作计划先进行分组展示，再由小组推荐代表做必要的介绍。在展示的过程中，以组为单位进行评价；评价完成后，根据其他组成员对本组展示成果的评价意见进行归纳总结。完成如下项目：

1．展示的产品符合技术标准吗？

符合□　　不符合□　　可返修□　　直接报废□

2．与其他组相比，你认为本小组的产品工艺如何？

工艺优化□　　工艺合理□　　工艺一般□

3．本小组介绍成果表达是否清晰？

很清晰□　　一般，常补充□　　不清晰□

4．本小组演示产品检测方法操作正确吗？

正确□　　部分正确□　　不正确□

5．本小组演示操作时遵循7S管理规定了吗？

遵循了□　　部分遵循□　　完全没有遵循□

6．本小组成员的团队创新精神如何？

良好□　　一般□　　不足□

7．总结本次任务是否达到学习目标。如果没有达到学习目标，分析并写出哪部分内容没有学好，然后返回到相应处补充学习。

二、教师评价

对各组的展示过程及制作计划进行点评，对不足的地方提出改进方法。

三、综合评价

结合自身完成任务情况，通过交流讨论等方式较全面、规范地撰写本任务的工作总结。

工作总结（心得体会）

评价与分析

学习任务三评价表

班级：________ 姓名：________ 学号：________

<table>
<tr><th rowspan="3">项目</th><th colspan="3">自我评价</th><th colspan="3">小组评价</th><th colspan="3">教师评价</th></tr>
<tr><th>10 ~ 9</th><th>8 ~ 6</th><th>5 ~ 1</th><th>10 ~ 9</th><th>8 ~ 6</th><th>5 ~ 1</th><th>10 ~ 9</th><th>8 ~ 6</th><th>5 ~ 1</th></tr>
<tr><th colspan="3">占总评 10%</th><th colspan="3">占总评 30%</th><th colspan="3">占总评 60%</th></tr>
<tr><td>学习活动 1</td><td></td><td></td><td></td><td></td><td></td><td></td><td></td><td></td><td></td></tr>
<tr><td>学习活动 2</td><td></td><td></td><td></td><td></td><td></td><td></td><td></td><td></td><td></td></tr>
<tr><td>学习活动 3</td><td></td><td></td><td></td><td></td><td></td><td></td><td></td><td></td><td></td></tr>
<tr><td>协作精神</td><td></td><td></td><td></td><td></td><td></td><td></td><td></td><td></td><td></td></tr>
<tr><td>纪律观念</td><td></td><td></td><td></td><td></td><td></td><td></td><td></td><td></td><td></td></tr>
<tr><td>表达能力</td><td></td><td></td><td></td><td></td><td></td><td></td><td></td><td></td><td></td></tr>
<tr><td>工作态度</td><td></td><td></td><td></td><td></td><td></td><td></td><td></td><td></td><td></td></tr>
<tr><td>小计</td><td colspan="3"></td><td colspan="3"></td><td colspan="3"></td></tr>
<tr><td>总评</td><td colspan="9"></td></tr>
</table>

任课教师：________ ________年________月________日

世赛知识

世界技能大赛原型制作项目

原型制作项目是指根据给定的原型设计图样，使用三维 CAD 软件进行原型三维建模和局部自由设计，并生成工程图；按照工程图的要求使用指定的材料，运用普通车削、普通铣削、数控铣削、3D 打印、手工等工艺方法制作模型，并对模型进行表面处理和喷涂装饰的竞赛项目。比赛中对选手的技能要求主要包括：工作的组织及管理能力、制图能力、原型设计能力、原型制作能力、原型喷漆和装饰能力。世界技能大赛原型制作项目奖牌榜见表 3–8。

表 3–8　　世界技能大赛原型制作项目奖牌榜

赛事	金牌	银牌	铜牌
第 43 届世界技能大赛	韩国	日本	瑞士 印度尼西亚
第 44 届世界技能大赛	中国（黄枫杰）	韩国 印度尼西亚	印度
第 45 届世界技能大赛	俄罗斯	韩国	日本

学习任务四　玩具车车轮双分型面塑料成型模浇口套加工

学习目标

1. 能分析浇口套零件图样，明确加工要求。

2. 能制订合理的浇口套加工工作计划。

3. 能合理编制浇口套加工工艺卡。

4. 能选择合理的加工参数，完成浇口套加工程序的编制。

5. 能对浇口套进行数控车床仿真加工。

6. 能独立操作数控车床完成浇口套的加工。

7. 能正确检测浇口套加工质量。

8. 能在工作过程中严格执行企业操作规范、安全生产制度、环保管理制度以及7S管理规定，严格遵守从业人员的职业道德，具有吃苦耐劳、爱岗敬业的工作态度和职业责任感。

9. 能与班组长、工具管理员等相关人员进行有效的沟通与合作。

10. 能主动展示并汇报工作成果，对工作过程中出现的问题进行反思与总结，从而优化方案和策略，并具备知识迁移能力。

建议学时

10学时。

工作情景描述

通过查阅相关资料了解浇口套（图4-1）材料的切削性能和力学性能，通过小组讨论，确定浇口套的加工方法和加工步骤，编制浇口套加工工艺卡。根据浇口套图样要求，编制数控车床加工程序，对零件进行仿真加工后操作数控车床加工零件。选用正确的量具和检测方法，检测浇口套质量，提交合格产品。按机床维护与保养要求，完成机床的维护与保养工作；按工作现场管理规范，打扫场地，归置物品；按环保要求处理加工废屑、废液。

零件图

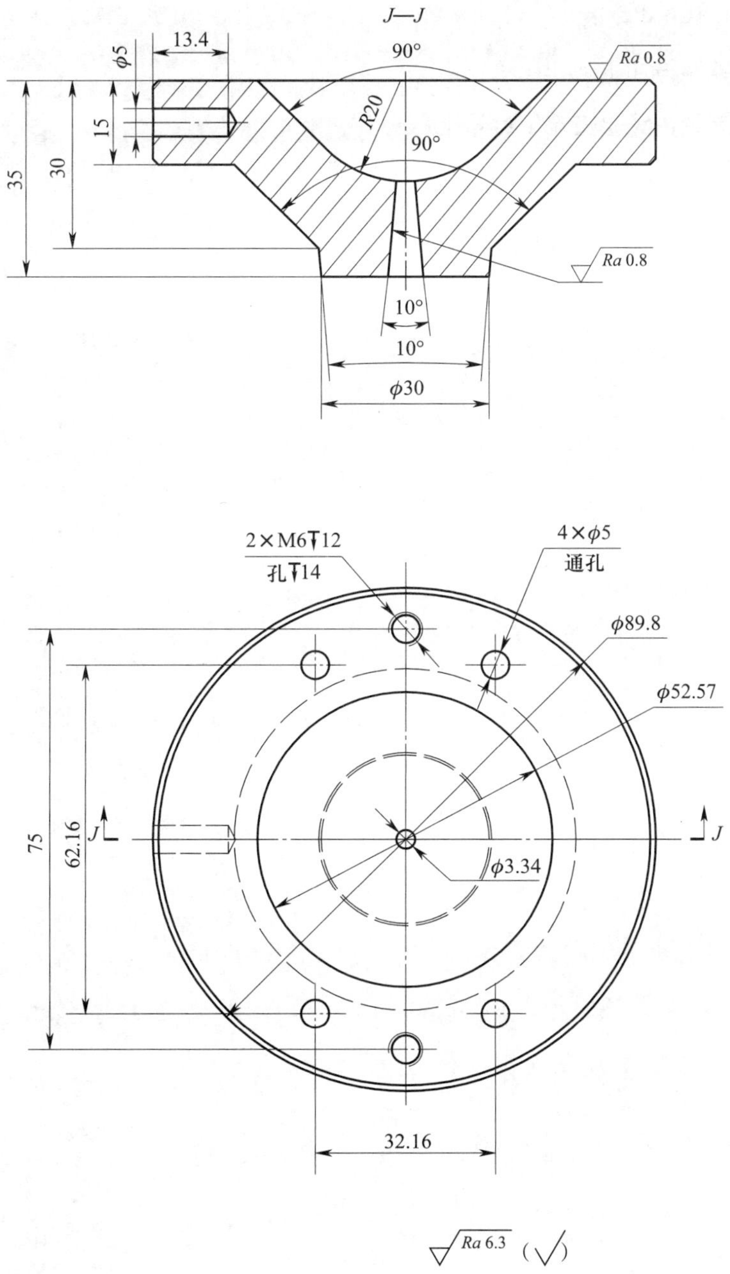

J—J

13.4　$\phi 5$　90°　Ra 0.8　R20　90°　15　30　35　Ra 0.8　10°　10°　$\phi 30$

2×M6↧12 孔↧14　4×$\phi 5$ 通孔　$\phi 89.8$　$\phi 52.57$　75　62.16　J　J　$\phi 3.34$　32.16

Ra 6.3 (√)

技术要求

倒钝锐边为$C1$。

浇口套			比例		
			件数	1	
制图			质量		材料 T8
描图					
审核					

图 4-1　浇口套

工作流程与活动

1．接受工作任务，明确工作要求（1 学时）

2．数控车床的仿真操作（4 学时）

3．浇口套加工程序编制与加工（4 学时）

4．工作总结，成果展示，经验交流（1 学时）

学习活动 1 接受工作任务，明确工作要求

学习目标

1. 能主动接受工作任务，明确任务要求。
2. 能分析浇口套的零件图样，明确加工要求。
3. 能制订合理的浇口套加工工作计划。
4. 能在工作中应用专业术语进行交流。

建议学时：1 学时。

学习过程

1．阅读生产派工单（表 4–1）

表 4–1 生产派工单

单号：__________ 开单部门：__________ 开单人：____________________

开单时间：_____年_____月___日___时 接单人：______部______小组______（签名）

<table>
<tr><td colspan="5">以下由开单人填写</td></tr>
<tr><td>产品名称</td><td>浇口套</td><td colspan="2">完成工时</td><td></td></tr>
<tr><td>产品技术要求</td><td colspan="4">按图样加工，满足使用功能要求</td></tr>
<tr><td colspan="5">以下由接单人和确认方填写</td></tr>
<tr><td>领取材料
（含消耗品）</td><td></td><td rowspan="2">成本
核算</td><td colspan="2" rowspan="2">金额合计：

仓管员（签名）
年 月 日</td></tr>
<tr><td>领用工具</td><td></td></tr>
<tr><td>操作者
检测</td><td></td><td colspan="3">（签名）

年 月 日</td></tr>
</table>

续表

班组检测		（签名） 年　月　日
质检员 检测	□合格　□不良　□返修　□报废	（签名） 年　月　日

2．塑料成型模的浇注系统是指从注塑机喷嘴开始到型腔入口为止的熔体流动通道，它可分为普通流道浇注系统和热流道浇注系统两大类型。查阅相关资料，说明本任务的浇注系统属于哪种类型。

3．在第 43 届世界技能大赛塑料模具工程项目中，采用了抽屉式模具，它分为模架与模芯两部分，模架使用定位圈与浇口套相结合的形式。本学习任务中双分型面塑料成型模浇口套又称细水口浇口套，标准型的浇口套是和定位圈做成一体的。受模具结构的影响，双分型面塑料成型模的分流道较长，因此应该尽量缩短浇口套内主流道的长度。查阅相关资料，说明浇注系统的设计原则及设计要点。

4．在塑料成型模中，主流道都在浇口套内，浇口套可分为两类：二板模浇口套和三板模浇口套。三板模流道如图 4–2 所示，与二板模流道相比，它的长度 L 比较小，通常不超过 50 mm，ϕd 和 α 较大。在表 4–2 中填写图 4–2 所示的三板模流道推荐尺寸。

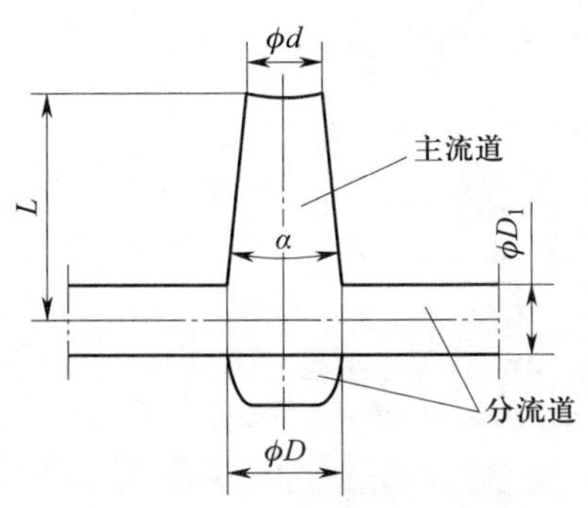

图 4–2　三板模流道

表 4–2　三板模流道推荐尺寸

项目	推荐尺寸
ϕd	
α	
ϕD_1	
ϕD	
L	

5．常见的简化型三板模浇口套有顺装型和反装型两种。顺装型就是将标准型浇口套一分为二，将其大端变成定位圈，装配时浇口套直接由定位圈压住；反装型也是将标准型浇口套起定位作用的大端去掉，但装配时它是通过螺钉装配在面板的下面的。请根据标准型三板模浇口套的尺寸画出顺装型浇口套零件图和反装型浇口套零件图。

6．分析浇口套零件图，明确零件各种加工要求，填写表 4–3。

表 4–3　浇口套加工要求

序号	项目	内容	加工要求
1	主要加工尺寸		
2	几何公差		
3	表面粗糙度		

7．根据浇口套加工内容，制订浇口套加工工作计划，填写表 4–4。

表 4–4　浇口套加工工作计划

序号	开始时间	结束时间	工作内容	工作要求	备注

评价与分析

学习活动过程评价表

<table>
<tr><td>班级</td><td></td><td>姓名</td><td></td><td>学号</td><td></td><td>日期</td><td colspan="2">年　月　日</td></tr>
<tr><td>序号</td><td colspan="2">评价内容和描述</td><td colspan="3">评价细则</td><td>配分</td><td>得分</td><td>总评</td></tr>
<tr><td>1</td><td colspan="2">能说出浇注系统的设计原则及设计要点</td><td colspan="3">一处不完整或不准确扣 2 分</td><td>10</td><td></td><td rowspan="5">A □
（86 ~ 100 分）
B □
（76 ~ 85 分）
C □
（60 ~ 75 分）
D □
（60 分以下）</td></tr>
<tr><td>2</td><td colspan="2">能绘制顺装型浇口套零件图、反装型浇口套零件图</td><td colspan="3">一处不正确扣 5 分</td><td>20</td><td></td></tr>
<tr><td>3</td><td colspan="2">能说出浇口套的主要加工尺寸、几何公差及表面粗糙度等要求</td><td colspan="3">一处不完整或不准确扣 5 分</td><td>30</td><td></td></tr>
<tr><td>4</td><td colspan="2">能制订合理的浇口套加工工作计划</td><td colspan="3">一处不合理扣 5 分</td><td>30</td><td></td></tr>
<tr><td>5</td><td colspan="2">能积极参与小组讨论，运用专业术语与他人交流（小组长对成员打分）</td><td colspan="3">参与积极性高，合作意识好得 10 分；参与积极性一般，合作意识一般得 5 分；参与积极性差，合作意识差得 1 分</td><td>10</td><td></td></tr>
<tr><td>小结
建议</td><td colspan="8"></td></tr>
</table>

学习活动 2　数控车床的仿真操作

学习目标

1. 能说出数控车床仿真系统操作面板的组成。
2. 能说出数控车床仿真系统各按键的功能。
3. 能正确应用数控车床仿真系统的“录入方式”。

建议学时：4 学时。

学习过程

在中级工阶段已经学习过数控车床的组成和工作原理、数控车床的规范操作、数控车床的编程、数控车床的维护与保养等。本学习活动主要学习数控车床的仿真操作。

1．查阅资料，参观车间，辨认图 4–3 所示的常见数控系统是哪种类型的数控系统。

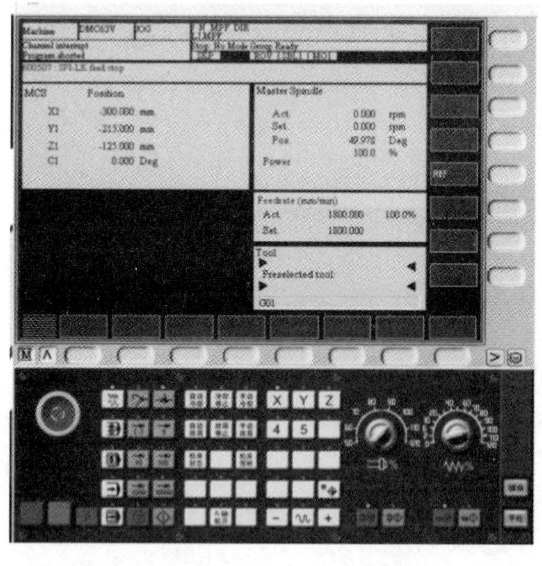

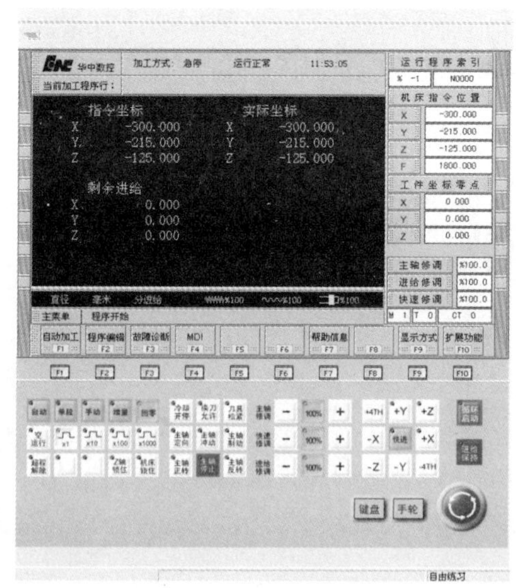

______________　　______________

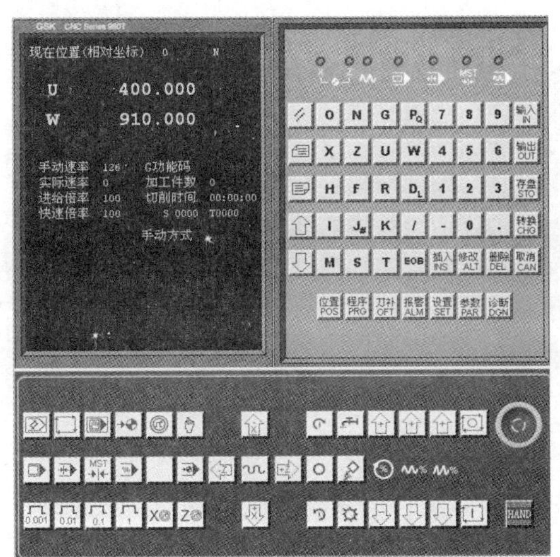

________________　　________________

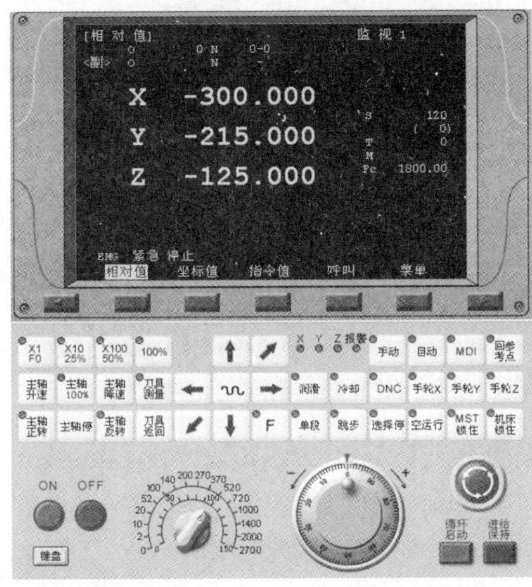
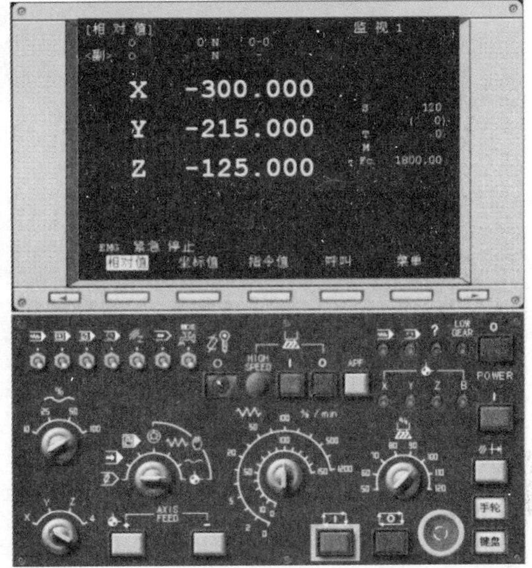

________________　　________________

图 4–3　常见数控系统

2．下面以广数 GSK980T 系统为例介绍数控车床的仿真操作。在图 4–4 中写出仿真操作面板各部位的名称。

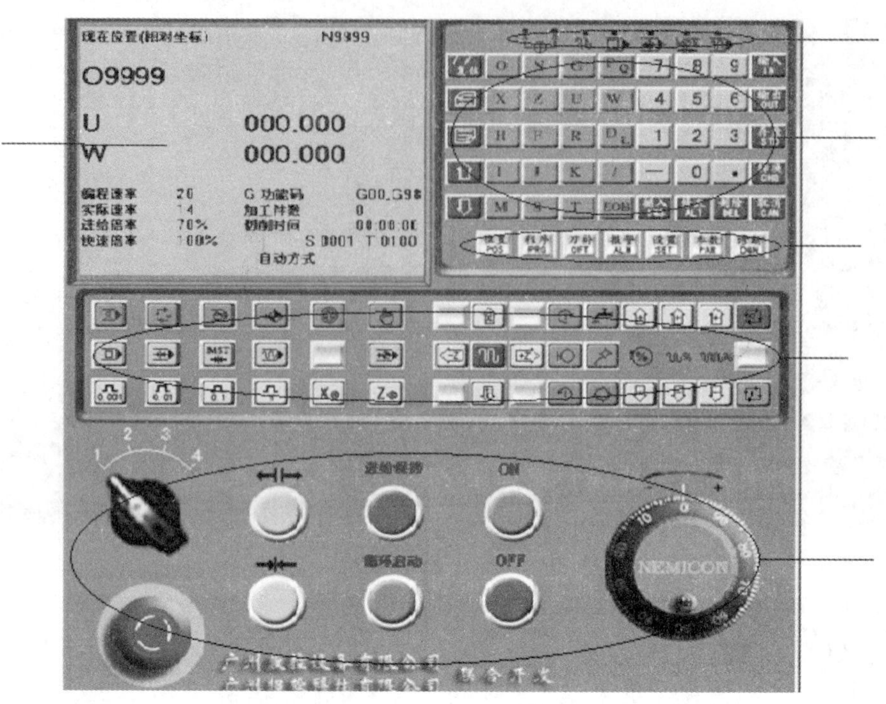

图 4-4　仿真操作面板

3．在表 4-5 中填写仿真操作面板中常用按键的功能。

表 4-5　常用按键的功能

按键	名称	功能
复位		
暂停		
自动		
进给倍率　快速倍率		
单段		
机床锁		
MSI 辅助锁		

续表

按键	名称	功能
空运行		
X　Y　Z		
0.001　0.01　0.1		

4．在图 4–5 中写出操作系统状态指示灯的功能。

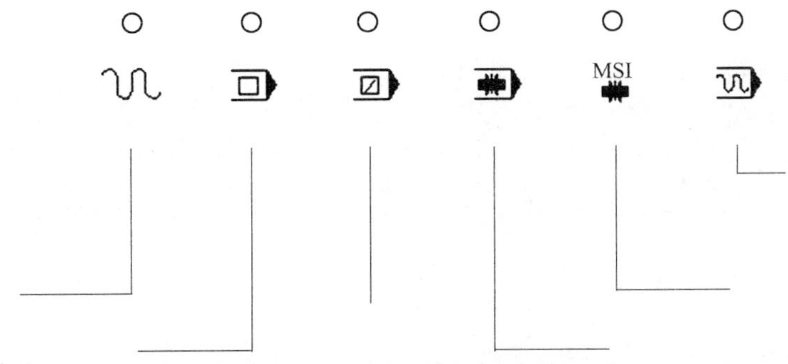

图 4–5　操作系统状态指示灯

5．写出图 4–6 所示工具栏中各按键的功能。

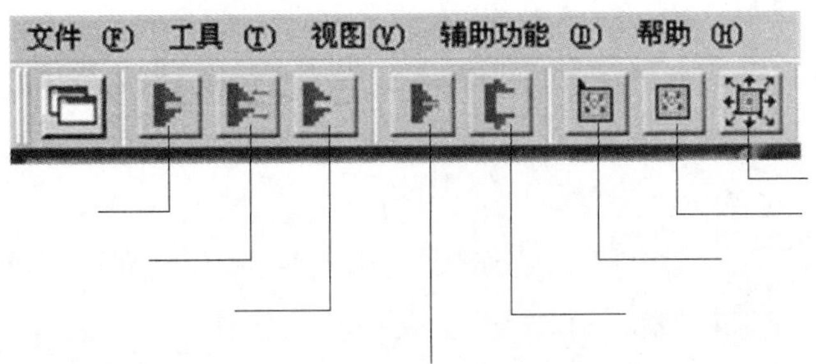

图 4–6　工具栏中各按键的功能

6．“录入方式”的应用

（1）当前的刀位处在 1 号刀位，如果想一次性从 1 号刀位换到 4 号刀位，应如何操作？

（2）在“录入方式”下，若想让机床以 500 r/min 的转速正转，应如何操作?

（3）在“录入方式”下，若想让机床以直线插补的方式沿 X 轴正方向移动 50 mm，沿 Z 轴负方向移动 50 mm，应如何操作?

（4）如果毛坯的直径是 25 mm，仿真操作时怎样利用“手动方式”和“录入方式”让车刀的刀尖对准毛坯的回转中心?

（5）能不能让机床换刀到 3 号刀位，同时让机床以 800 r/min 的转速反转，还让机床以直线插补的方式沿 X 轴负方向移动 30 mm、沿 Z 轴正方向移动 80 mm? 应如何操作?

评价与分析

学习活动过程评价表

<table>
<tr><td>班级</td><td></td><td>姓名</td><td></td><td>学号</td><td></td><td>日期</td><td colspan="2">年　月　日</td></tr>
<tr><td>序号</td><td colspan="2">评价内容和描述</td><td colspan="3">评价细则</td><td>配分</td><td>得分</td><td>总评</td></tr>
<tr><td>1</td><td colspan="2">能说出数控车床仿真系统操作面板的组成</td><td colspan="3">不正确不得分</td><td>10</td><td></td><td rowspan="5">A □
（86 ~ 100 分）
B □
（76 ~ 85 分）
C □
（60 ~ 75 分）
D □
（60 分以下）</td></tr>
<tr><td>2</td><td colspan="2">能说出数控车床仿真系统各按键的功能</td><td colspan="3">一处不正确扣 5 分</td><td>40</td><td></td></tr>
<tr><td>3</td><td colspan="2">能正确应用数控车床仿真系统的“录入方式”</td><td colspan="3">一处不正确扣 5 分</td><td>30</td><td></td></tr>
<tr><td>4</td><td colspan="2">能在工作现场执行 7S 管理规定</td><td colspan="3">能够执行 7S 管理规定中的 5 ~ 6 条得 10 分，能够执行 7S 管理规定中的 3 ~ 4 条得 5 分，能够执行 7S 管理规定中的 1 ~ 2 条得 1 分</td><td>10</td><td></td></tr>
<tr><td>5</td><td colspan="2">能积极参与小组讨论，运用专业术语与他人交流（小组长对成员打分）</td><td colspan="3">参与积极性高，合作意识好得 10 分；参与积极性一般，合作意识一般得 5 分；参与积极性差，合作意识差得 1 分</td><td>10</td><td></td></tr>
<tr><td>小结
建议</td><td colspan="8"></td></tr>
</table>

学习活动3　浇口套加工程序编制与加工

学习目标

1. 能合理编制浇口套加工工艺卡。
2. 能根据浇口套特征正确选择工具、量具、刀具。
3. 能选择合理的加工参数，完成浇口套加工程序的编制。
4. 能对浇口套进行数控车床仿真加工。
5. 能独立操作数控车床完成浇口套的加工。
6. 能正确检测浇口套加工质量。
7. 能在工作现场执行7S管理规定。

建议学时：4学时。

学习过程

1．查阅资料，明确各种加工刀具的切削性能及参数，从高效、节能、环保等角度出发，分组讨论浇口套的加工工艺，并编制浇口套加工工艺卡（表4–6）。

表4–6　　浇口套加工工艺卡

			材料		图号			
			产品数量		零件名称		共　页	第　页
工序号	工序名称	工序内容	车间	工段	设备	工艺装备	工时	
							准终	单件

续表

工序号	工序名称	工序内容	车间	工段	设备	工艺装备	工时	
							准终	单件

2．根据浇口套加工工艺卡领取工具、量具、刀具，并检查它们的状况及功能，填写工具、量具、刀具清单（表 4–7）。

表 4–7　　工具、量具、刀具清单

序号	名称	规格	数量	备注

3．写出浇口套的数控车床加工程序。

4．第 43 届世界技能大赛塑料模具工程项目铜牌获得者黄灿杰在分享比赛经历时说，他在运行数控加工程序前都会先运行一遍仿真刀路，以保证实际加工时不会出现误差、过切等问题。

试写出在广数 GSK980T 系统上仿真加工浇口套的步骤。

5．独立操作数控车床完成浇口套的加工，并在表 4–8 中记录加工过程中出现的问题及解决方法。

表 4–8 加工过程中出现的问题及解决方法

问题	解决方法

6．按照图样要求检测浇口套的各项指标是否合格，完成表 4–9。

表 4–9　浇口套加工质量检测

序号	检测特征	理论尺寸	实际检测尺寸	是否合格

评价与分析

学习活动过程评价表

班级		姓名		学号		日期	年　月　日	
序号	评价内容和描述		评价细则			配分	得分	总评
1	能合理编制浇口套加工工艺卡		一处不合理扣 2 分			10		A □（86 ~ 100 分） B □（76 ~ 85 分） C □（60 ~ 75 分）
2	能根据浇口套特征正确选择工具、量具、刀具		一处不正确扣 1 分			5		
3	能选择合理的加工参数，完成浇口套加工程序的编制		一处不合理扣 4 分			20		
4	能对浇口套进行数控车床仿真加工		一处不正确扣 2 分			10		
5	能独立操作数控车床完成浇口套的加工		能独立完成得 20 分，在教师或同学协助下完成得 10 分，不能完成不得分			20		
6	能正确检测浇口套加工质量		一处检测方法不正确扣 4 分，一处加工质量不合格扣 5 分			20		

续表

序号	评价内容和描述	评价细则	配分	得分	总评
7	能在工作现场执行7S管理规定	能够执行7S管理规定中的5～6条得10分，能够执行7S管理规定中的3～4条得5分，能够执行7S管理规定中的1～2条得1分	10		D□ （60分以下）
8	能积极参与小组讨论，运用专业术语与他人交流（小组长对成员打分）	参与积极性高，合作意识好得5分；参与积极性一般，合作意识一般得3分；参与积极性差，合作意识差得1分	5		
小结建议					

学习活动 4　工作总结，成果展示，经验交流

学习目标

1. 能规范撰写工作总结。
2. 能采用多种形式进行成果展示。
3. 能有效进行工作反馈与经验交流。

建议学时：1 学时。

学习过程

一、展示与评价

把小组制作好的玩具车车轮双分型面塑料成型模的浇口套先进行分组展示，再由小组推荐代表做必要的介绍。在展示的过程中，以组为单位进行评价；评价完成后，根据其他组成员对本组展示成果的评价意见进行归纳总结。完成如下项目：

1．展示的产品符合技术标准吗？

符合□　　不符合□　　可返修□　　直接报废□

2．与其他组相比，你认为本小组的产品工艺如何？

工艺优化□　　工艺合理□　　工艺一般□

3．本小组介绍成果表达是否清晰？

很清晰□　　一般，常补充□　　不清晰□

4．本小组演示产品检测方法操作正确吗？

正确□　　部分正确□　　不正确□

5．本小组演示操作时遵循 7S 管理规定了吗？

遵循了□　　部分遵循□　　完全没有遵循□

6．本小组成员的团队创新精神如何？

良好□　　一般□　　不足□

7．总结本次任务是否达到学习目标。如果没有达到学习目标，分析并写出哪部分内容没有学好，然后返回到相应处补充学习。

二、教师评价

对各组的展示过程及浇口套加工质量进行点评，对不足的地方提出改进方法。

三、综合评价

结合自身完成任务情况，通过交流讨论等方式较全面、规范地撰写本任务的工作总结。

工作总结（心得体会）

评价与分析

学习任务四评价表

班级：________　姓名：________　学号：________

项目	自我评价			小组评价			教师评价		
	10 ~ 9	8 ~ 6	5 ~ 1	10 ~ 9	8 ~ 6	5 ~ 1	10 ~ 9	8 ~ 6	5 ~ 1
	占总评 10%			占总评 30%			占总评 60%		
学习活动 1									
学习活动 2									
学习活动 3									
学习活动 4									
协作精神									
纪律观念									
表达能力									
工作态度									
小计									
总评									

任课教师：________　　　　________年________月________日

学习任务五　玩具车车轮双分型面塑料成型模定模座板、动模座板加工

学习目标

1. 能分析定模座板、动模座板的零件图样，明确加工要求。

2. 能制订合理的定模座板、动模座板加工工作计划。

3. 能合理编制定模座板、动模座板加工工艺卡。

4. 能独立操作机床完成定模座板、动模座板的加工。

5. 能正确地检测定模座板、动模座板加工质量。

6. 能在工作过程中严格执行企业操作规范、安全生产制度、环保管理制度以及7S管理规定，严格遵守从业人员的职业道德，具有吃苦耐劳、爱岗敬业的工作态度和职业责任感。

7. 能与班组长、工具管理员等相关人员进行有效的沟通与合作。

8. 能主动展示并汇报工作成果，对工作过程中出现的问题进行反思与总结，从而优化方案和策略，并具备知识迁移能力。

建议学时

10学时。

工作情景描述

通过查阅相关资料了解定模座板（图5–1）、动模座板（图5–2）材料的切削性能和力学性能，通过小组讨论，确定定模座板、动模座板的加工方法和加工步骤，编制定模座板、动模座板加工工艺卡。根据定模座板、动模座板图样要求，操作机床加工零件。选用正确的量具和检测方法，检测零件质量，提交合格产品。按机床维护与保养要求，完成机床的维护与保养工作；按工作现场管理规范，打扫场地，归置物品；按环保要求处理加工废屑、废液。

零件图

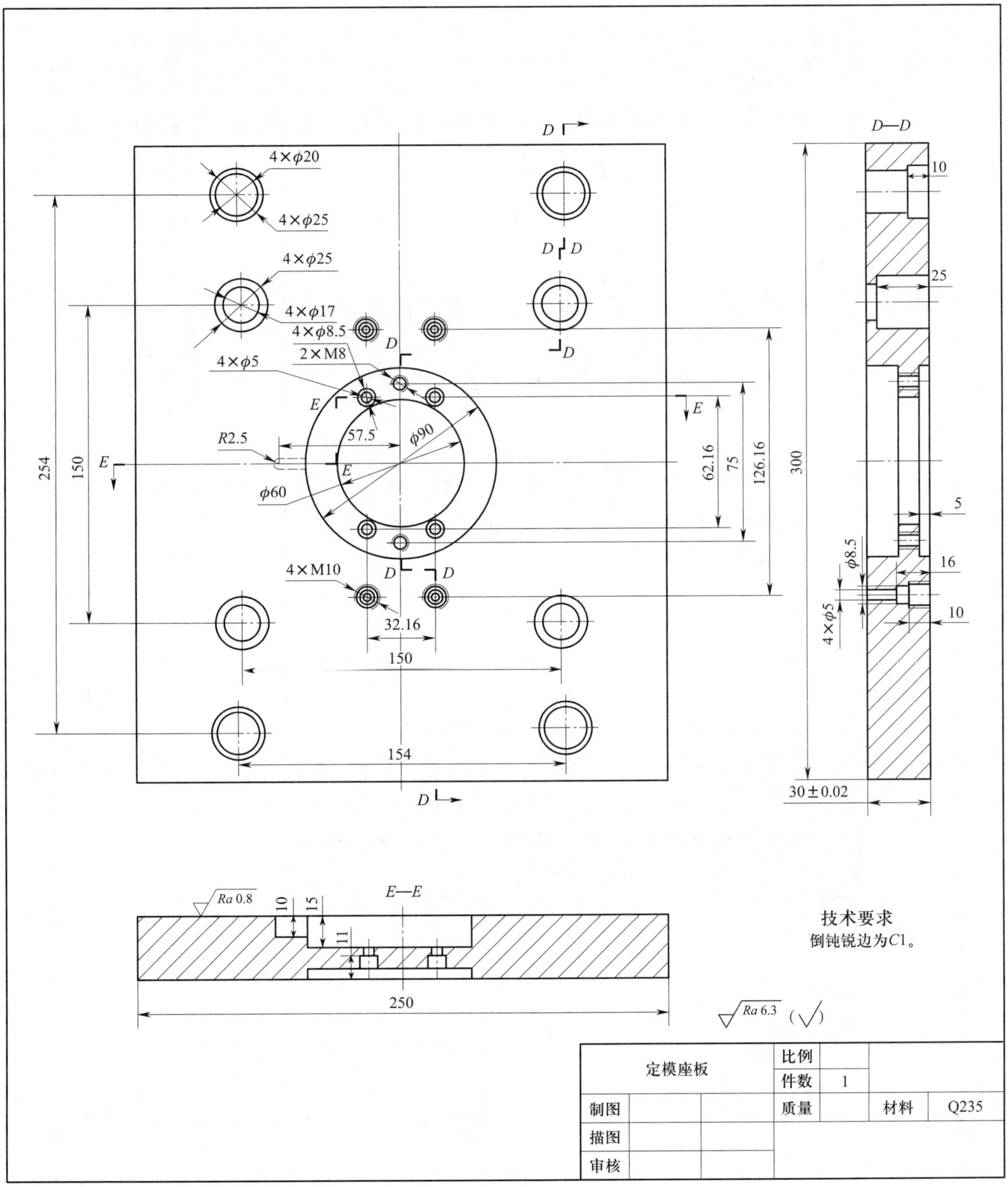

D—D

10
25
5
16
10
300
ϕ8.5
4×ϕ5
30±0.02

4×ϕ20
4×ϕ25
4×ϕ25
4×ϕ17
4×ϕ8.5
2×M8
4×ϕ5
R2.5
57.5
ϕ90
ϕ60
254
150
62.16
75
126.16
4×M10
32.16
150
154

E—E

Ra 0.8
10
15
11
250

技术要求
倒钝锐边为C1。

Ra 6.3 （√）

定模座板			比例		
			件数	1	
制图			质量		材料 Q235
描图					
审核					

图 5-1　定模座板

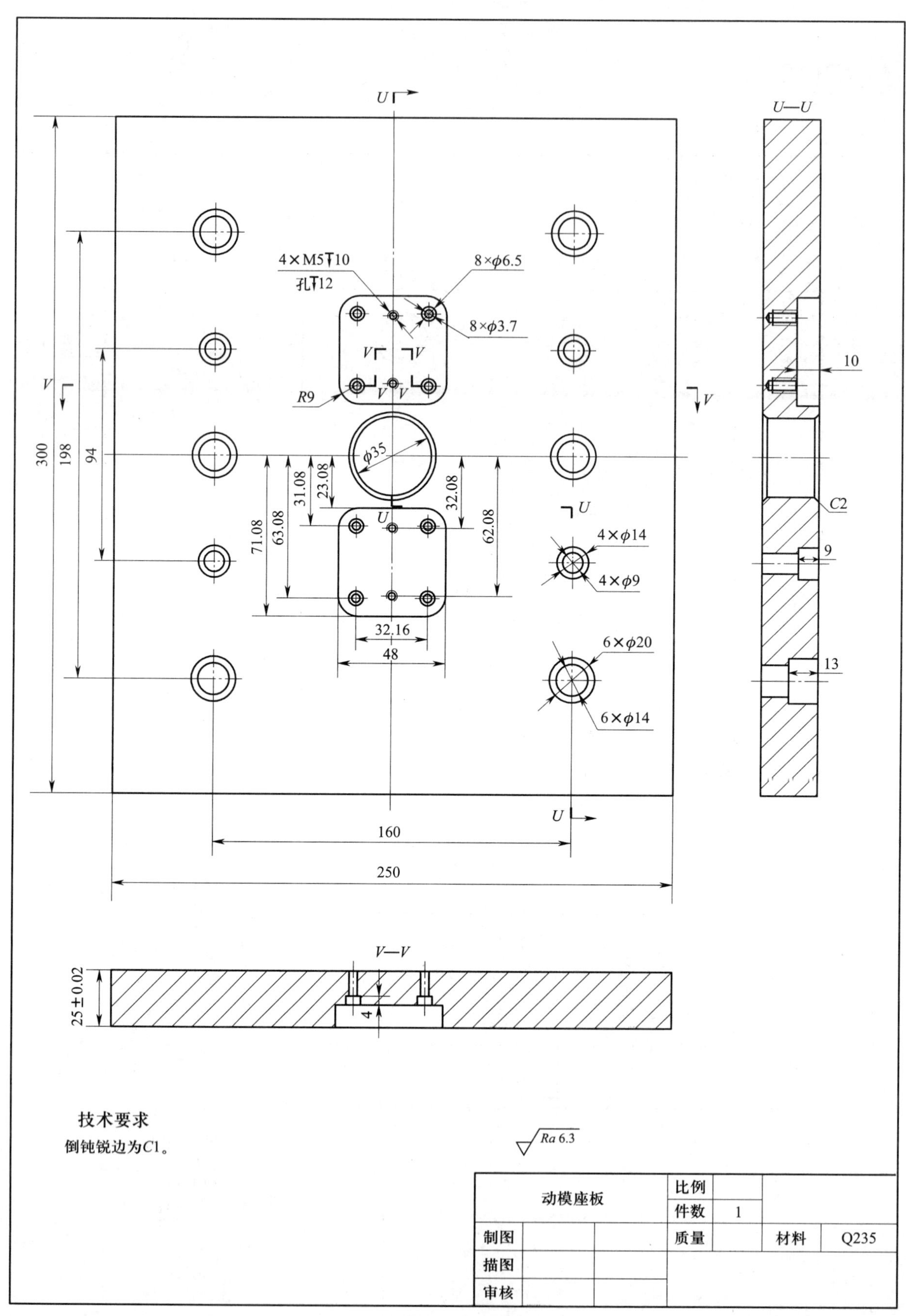

动模座板	比例		
	件数	1	
制图	质量		材料 Q235
描图			
审核			

图 5-2　动模座板

工作流程与活动

1．接受工作任务，明确工作要求（1 学时）

2．定模座板、动模座板的加工（7 学时）

3．工作总结，成果展示，经验交流（2 学时）

学习活动 1　接受工作任务，明确工作要求

学习目标

1. 能主动接受工作任务，明确任务要求。

2. 能说出玩具车车轮双分型面塑料成型模定模座板、动模座板的结构特点及作用。

3. 能分析定模座板、动模座板的零件图样，明确加工要求。

4. 能制订合理的定模座板、动模座板加工工作计划。

5. 能在工作中应用专业术语进行交流。

建议学时：1 学时。

学习过程

1．阅读生产派工单（表 5–1）

表 5–1　　生产派工单

单号：__________　开单部门：__________　开单人：______________________

开单时间：_____年_____月___日___时　接单人：_______部_______小组_______（签名）

以下由开单人填写			
产品名称	定模座板、动模座板	完成工时	
产品技术要求	按图样加工，满足使用功能要求		
以下由接单人和确认方填写			
领取材料（含消耗品）		成本核算	金额合计： 仓管员（签名） 年　月　日
领用工具			

续表

操作者检测		（签名） 年　月　日
班组检测		（签名） 年　月　日
质检员检测	□合格　□不良　□返修　□报废	（签名） 年　月　日

2．简述玩具车车轮双分型面塑料成型模定模座板的结构特点及作用。

3．简述玩具车车轮双分型面塑料成型模动模座板的结构特点及作用。

4．利用软件绘制定模座板、动模座板零件图，并打印出来粘贴于下方框格中。

5．分析定模座板零件图，明确零件各种加工要求，填写表 5–2。

表 5–2　定模座板加工要求

序号	项目	内容	加工要求
1	主要加工尺寸		
2	表面粗糙度		

6．分析动模座板零件图，明确零件各种加工要求，填写表 5–3。

表 5–3　动模座板加工要求

序号	项目	内容	加工要求
1	主要加工尺寸		
2	表面粗糙度		

7．说明定模座板应与模具及注塑机哪些零件装配，叙述装配要求和装配步骤。

8．说明动模座板应与模具及注塑机哪些零件装配，叙述装配要求和装配步骤。

9．根据定模座板加工内容，制订定模座板加工工作计划，填写表 5–4。

表 5–4　定模座板加工工作计划

序号	开始时间	结束时间	工作内容	工作要求	备注

10．根据动模座板加工内容，制订动模座板加工工作计划，填写表 5–5。

表 5–5　动模座板加工工作计划

序号	开始时间	结束时间	工作内容	工作要求	备注

评价与分析

学习活动过程评价表

班级		姓名		学号		日期	年 月 日	

序号	评价内容和描述	评价细则	配分	得分	总评
1	能说出玩具车车轮双分型面塑料成型模定模座板的结构特点和作用	一处不完整或不准确扣5分	10		A □（86～100分） B □（76～85分） C □（60～75分） D □（60分以下）
2	能说出玩具车车轮双分型面塑料成型模动模座板的结构特点和作用	一处不完整或不准确扣5分	10		
3	能说出定模座板的主要加工尺寸、几何公差及表面粗糙度等要求	一处不完整或不准确扣2分	10		
4	能说出动模座板的主要加工尺寸、几何公差及表面粗糙度等要求	一处不完整或不准确扣2分	10		
5	能制订合理的定模座板加工工作计划	一处不合理扣5分	25		
6	能制订合理的动模座板加工工作计划	一处不合理扣5分	25		
7	能积极参与小组讨论，运用专业术语与他人交流（小组长对成员打分）	参与积极性高，合作意识好得10分；参与积极性一般，合作意识一般得5分；参与积极性差，合作意识差得1分	10		
小结建议					

学习活动 2　定模座板、动模座板的加工

学习目标

1. 能根据定模座板、动模座板的加工要求选择机床、工具、量具等。
2. 能正确地装夹定模座板、动模座板零件。
3. 能合理编制定模座板、动模座板加工工艺卡。
4. 能独立操作机床完成定模座板、动模座板的加工。
5. 能正确地检测定模座板、动模座板加工质量。
6. 能在工作现场执行 7S 管理规定。

建议学时：7 学时。

学习过程

1．根据定模座板、动模座板零件图，结合本校模具实训车间现有的机床设备情况进行分析，说明选择哪种机床加工定模座板、动模座板最佳，写出机床型号和主要技术参数。

2．查阅资料，明确各种加工刀具的切削性能及参数，从高效、节能、环保等角度出发，分组讨论定模座板、动模座板的加工工艺，并编制定模座板加工工艺卡（表 5–6）、动模座板加工工艺卡（表 5–7）。

表 5-6　　定模座板加工工艺卡

			材料		图号			
			产品数量		零件名称		共　页	第　页
工序号	工序名称	工序内容	车间	工段	设备	工艺装备	工时	
							准终	单件

表 5-7　　动模座板加工工艺卡

			材料		图号			
			产品数量		零件名称		共　页	第　页
工序号	工序名称	工序内容	车间	工段	设备	工艺装备	工时	
							准终	单件

3．根据定模座板、动模座板加工工艺卡领取工具、量具、刀具，并检查它们的状况及功能，填写定模座板的工具、量具、刀具清单（表 5–8）、动模座板的工具、量具、刀具清单（表 5–9）。

表 5–8 定模座板的工具、量具、刀具清单

序号	名称	规格	数量	备注

表 5–9 动模座板的工具、量具、刀具清单

序号	名称	规格	数量	备注

4．写出定模座板、动模座板在加工时的装夹方法（各写两种）。

5．完成定模座板、动模座板的加工，并在表 5–10 中记录加工过程中出现的问题及解决方法。

表 5–10　加工过程中出现的问题及解决方法

问题	解决方法

6．按照图样要求检测定模座板的各项指标是否合格，填写表 5-11。

表 5-11　定模座板加工质量检测

序号	检测特征	理论尺寸	实际检测尺寸	是否合格

7．按照图样要求检测动模座板的各项指标是否合格，填写表 5-12。

表 5-12　动模座板加工质量检测

序号	检测特征	理论尺寸	实际检测尺寸	是否合格

评价与分析

学习活动过程评价表

<table>
<tr><td>班级</td><td></td><td>姓名</td><td></td><td>学号</td><td></td><td>日期</td><td>年　月　日</td></tr>
<tr><td>序号</td><td colspan="2">评价内容和描述</td><td colspan="2">评价细则</td><td>配分</td><td>得分</td><td>总评</td></tr>
<tr><td>1</td><td colspan="2">能根据定模座板加工要求选择机床、工具、量具等</td><td colspan="2">一处不正确扣 1 分</td><td>5</td><td></td><td rowspan="12">A □
（86 ～ 100 分）
B □
（76 ～ 85 分）
C □
（60 ～ 75 分）
D □
（60 分以下）</td></tr>
<tr><td>2</td><td colspan="2">能根据动模座板加工要求选择机床、工具、量具等</td><td colspan="2">一处不正确扣 1 分</td><td>5</td><td></td></tr>
<tr><td>3</td><td colspan="2">能正确地装夹定模座板零件</td><td colspan="2">一处不正确扣 2 分</td><td>10</td><td></td></tr>
<tr><td>4</td><td colspan="2">能正确地装夹动模座板零件</td><td colspan="2">一处不正确扣 2 分</td><td>10</td><td></td></tr>
<tr><td>5</td><td colspan="2">能合理编制定模座板加工工艺卡</td><td colspan="2">一处不合理扣 2 分</td><td>10</td><td></td></tr>
<tr><td>6</td><td colspan="2">能合理编制动模座板加工工艺卡</td><td colspan="2">一处不合理扣 2 分</td><td>10</td><td></td></tr>
<tr><td>7</td><td colspan="2">能独立操作机床完成定模座板的加工</td><td colspan="2">能独立完成得 10 分，在教师或同学协助下完成得 5 分，不能完成不得分</td><td>10</td><td></td></tr>
<tr><td>8</td><td colspan="2">能独立操作机床完成动模座板的加工</td><td colspan="2">能独立完成得 10 分，在教师或同学协助下完成得 5 分，不能完成不得分</td><td>10</td><td></td></tr>
<tr><td>9</td><td colspan="2">能正确地检测定模座板的加工质量</td><td colspan="2">一处检测方法不正确扣 2 分，一处加工质量不合格扣 5 分</td><td>10</td><td></td></tr>
<tr><td>10</td><td colspan="2">能正确地检测动模座板的加工质量</td><td colspan="2">一处检测方法不正确扣 2 分，一处加工质量不合格扣 5 分</td><td>10</td><td></td></tr>
<tr><td>11</td><td colspan="2">能在工作现场执行 7S 管理规定</td><td colspan="2">能够执行 7S 管理规定中的 5 ～ 6 条得 5 分，能够执行 7S 管理规定中的 3 ～ 4 条得 3 分，能够执行 7S 管理规定中的 1 ～ 2 条得 1 分</td><td>5</td><td></td></tr>
<tr><td>12</td><td colspan="2">能积极参与小组讨论，运用专业术语与他人交流（小组长对成员打分）</td><td colspan="2">参与积极性高，合作意识好得 5 分；参与积极性一般，合作意识一般得 3 分；参与积极性差，合作意识差得 1 分</td><td>5</td><td></td></tr>
<tr><td>小结
建议</td><td colspan="7"></td></tr>
</table>

学习活动 3　工作总结，成果展示，经验交流

学习目标

1. 能规范撰写工作总结。
2. 能采用多种形式进行成果展示。
3. 能有效进行工作反馈与经验交流。

建议学时：2 学时。

学习过程

一、展示与评价

把小组制作好的玩具车车轮双分型面塑料成型模的定模座板、动模座板先进行分组展示，再由小组推荐代表做必要的介绍。在展示的过程中，以组为单位进行评价；评价完成后，根据其他组成员对本组展示成果的评价意见进行归纳总结。完成如下项目：

1．展示的产品符合技术标准吗？

符合□　　不符合□　　可返修□　　直接报废□

2．与其他组相比，你认为本小组的产品工艺如何？

工艺优化□　　工艺合理□　　工艺一般□

3．本小组介绍成果表达是否清晰？

很清晰□　　一般，常补充□　　不清晰□

4．本小组演示产品检测方法操作正确吗？

正确□　　部分正确□　　不正确□

5．本小组演示操作时遵循 7S 管理规定了吗？

遵循了□　　部分遵循□　　完全没有遵循□

6．本小组成员的团队创新精神如何？

良好□　　一般□　　不足□

7．总结本次任务是否达到学习目标。如果没有达到学习目标，分析并写出哪部分内容没有学好，然后返回到相应处补充学习。

二、教师评价

对各组的展示过程及定模座板、动模座板加工质量进行点评，对不足的地方提出改进方法。

三、综合评价

结合自身完成任务情况，通过交流讨论等方式较全面、规范地撰写本任务的工作总结。

工作总结（心得体会）

评价与分析

学习任务五评价表

班级：________　姓名：________　学号：________

项目	自我评价			小组评价			教师评价		
	10 ~ 9	8 ~ 6	5 ~ 1	10 ~ 9	8 ~ 6	5 ~ 1	10 ~ 9	8 ~ 6	5 ~ 1
	占总评 10%			占总评 30%			占总评 60%		
学习活动 1									
学习活动 2									
学习活动 3									
协作精神									
纪律观念									
表达能力									
工作态度									
小计									
总评									

任课教师：________　　________年________月________日

学习任务六　玩具车车轮双分型面塑料成型模推出机构加工

学习目标

1. 能分析推出机构的零件图样，明确加工要求。

2. 能制订合理的推出机构加工工作计划。

3. 能合理编制司筒针压板、推板、推杆固定板加工工艺卡。

4. 能独立操作机床完成司筒针压板、推板、推杆固定板的加工。

5. 能正确地检测司筒针压板、推板、推杆固定板加工质量。

6. 能在工作过程中严格执行企业操作规范、安全生产制度、环保管理制度以及7S管理规定，严格遵守从业人员的职业道德，具有吃苦耐劳、爱岗敬业的工作态度和职业责任感。

7. 能与班组长、工具管理员等相关人员进行有效的沟通与合作。

8. 能主动展示并汇报工作成果，对工作过程中出现的问题进行反思与总结，从而优化方案和策略，并具备知识迁移能力。

建议学时

15学时。

工作情景描述

各小组根据玩具车车轮双分型面塑料成型模装配图分析推出机构的组成与工作原理，通过小组讨论，确定司筒针压板（图6–1）、推板（图6–2）、推杆固定板（图6–3）的加工方法和加工步骤，编制零件加工工艺卡。根据零件图样要求，操作机床加工零件。选用正确的量具和检测方法，检测零件质量，提交合格产品。按机床维护与保养要求，完成机床的维护与保养工作；按工作现场管理规范，打扫场地，归置物品；按环保要求处理加工废屑、废液。

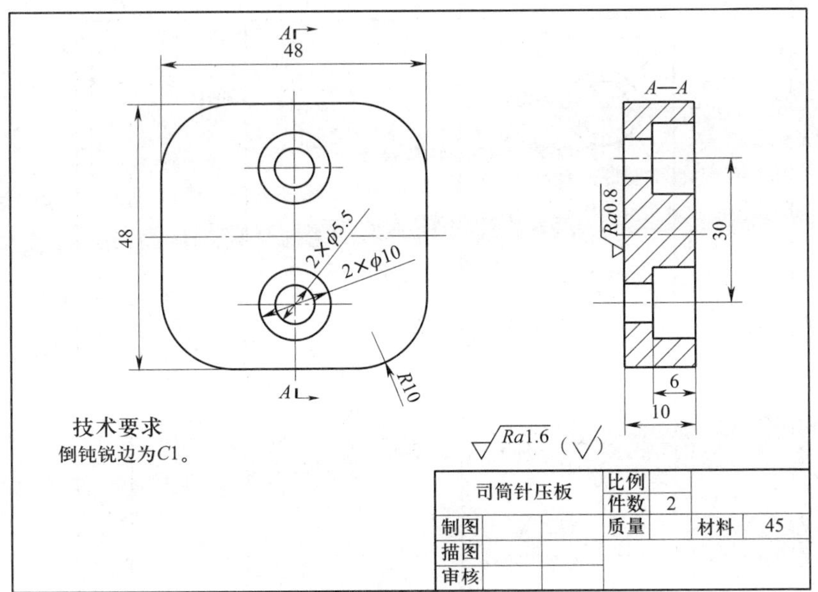

图 6-1　司筒针压板

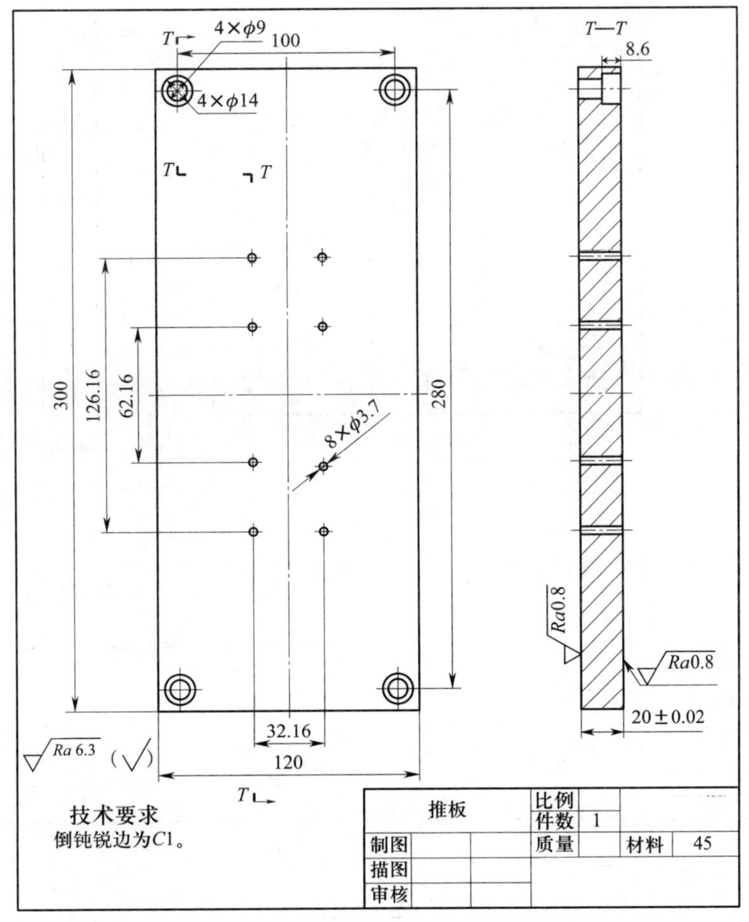

图 6-2　推板

R—R
4×φ15
4×M8
通孔
4×φ21
4
6.25
8×φ6
8×φ10.5
300
280
250
126.16
62.16
32.16
80
100
120
15±0.02
Ra 0.8
Ra 0.8
Ra 6.3 (√)
技术要求
倒钝锐边为C1。
推杆固定板
比例
件数
1
制图
质量
材料
45
描图
审核

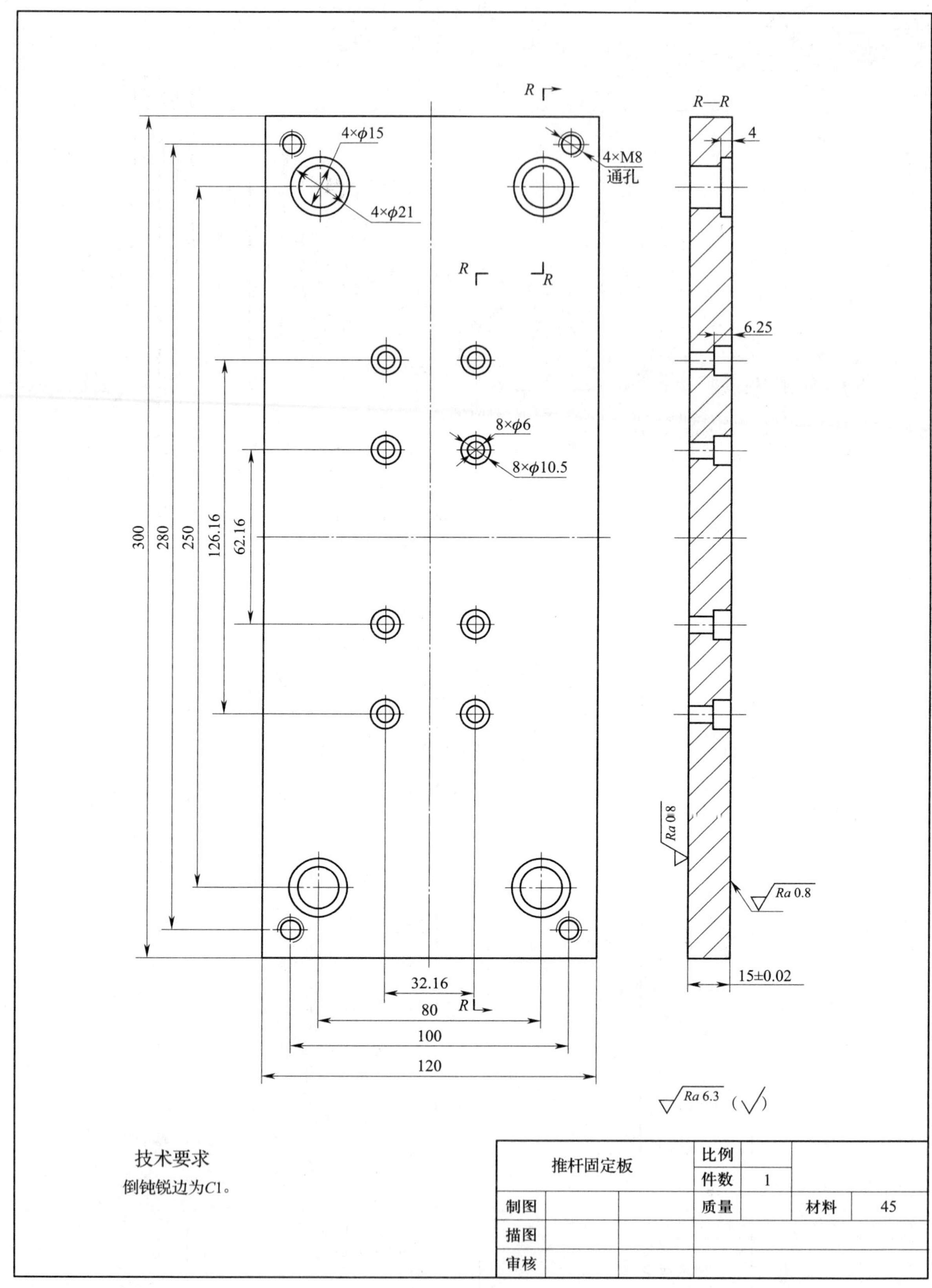

图 6-3　推杆固定板

工作流程与活动

1．接受工作任务，明确工作要求（2 学时）

2．推出机构的加工（11 学时）

3．工作总结，成果展示，经验交流（2 学时）

学习活动1 接受工作任务，明确工作要求

学习目标

1. 能主动接受工作任务，明确任务要求。
2. 能说出各类推出机构的工作原理、特点及适用场合。
3. 能说出玩具车车轮双分型面塑料成型模推出机构各零件的名称及作用。
4. 能制订合理的推出机构加工工作计划。
5. 能在工作中应用专业术语进行交流。

建议学时：2学时。

学习过程

1. 阅读生产派工单（表6-1）

表6-1 生产派工单

单号：________ 开单部门：________ 开单人：________

开单时间：____年____月___日___时 接单人：______部______小组______（签名）

<table>
<tr><td colspan="5">以下由开单人填写</td></tr>
<tr><td>产品名称</td><td colspan="2">推出机构</td><td>完成工时</td><td></td></tr>
<tr><td>产品技术要求</td><td colspan="4">按图样加工，满足使用功能要求</td></tr>
<tr><td colspan="5">以下由接单人和确认方填写</td></tr>
<tr><td>领取材料（含消耗品）</td><td></td><td rowspan="2">成本核算</td><td colspan="2" rowspan="2">金额合计：
仓管员（签名）
年 月 日</td></tr>
<tr><td>领用工具</td><td></td></tr>
</table>

续表

操作者检测		（签名） 年　月　日
班组检测		（签名） 年　月　日
质量员检测	□合格　□不良　□返修　□报废	（签名） 年　月　日

2．在世赛塑料模具工程项目中，某模具的推出机构采用推杆推出，除此之外，常见的推出机构还有推板推出机构、推管推出机构、联合推出机构等。查阅相关资料，填写表6–2。

表6–2　常见的推出机构

图示	类型	工作原理	特点	适用场合
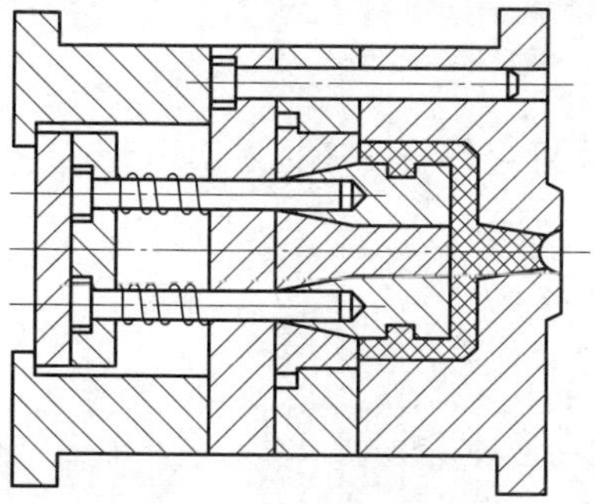				
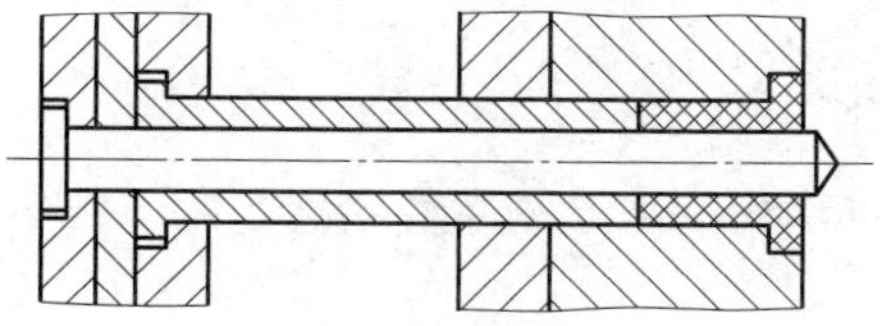				
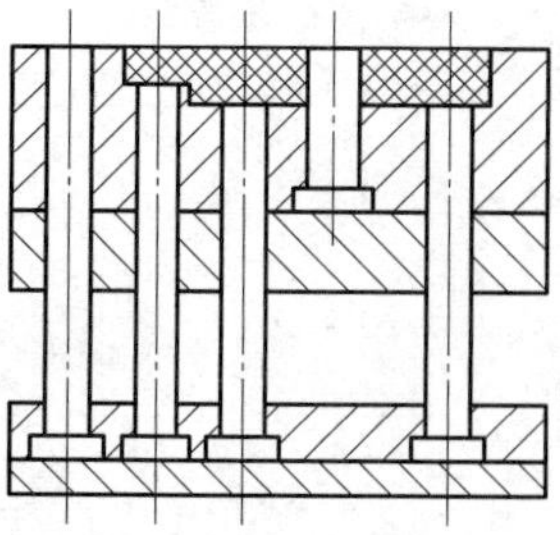				

3．分析图 6–4 所示的某推出机构，回答问题。

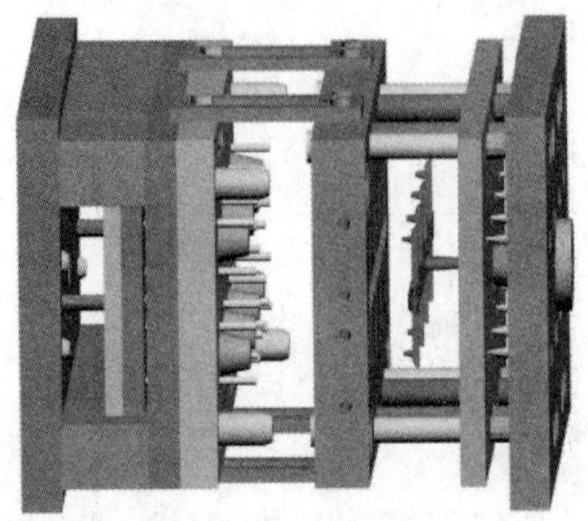

图 6–4　某推出机构

（1）图中推出机构是如何复位的?

（2）哪些零件参与了推出机构的复位?在下面写出它们的名称，并用红色笔在图中标注出来。

4．识读玩具车车轮双分型面塑料成型模装配图，列出该模具的推出机构包含的零件名称，说明各零件的作用。

5．根据推出机构加工工作任务，明确工作要求，制订推出机构加工工作计划，填写表 6–3。

表 6–3　　推出机构加工工作计划

序号	开始时间	结束时间	工作内容	工作要求	备注

评价与分析

学习活动过程评价表

<table>
<tr><td>班级</td><td></td><td>姓名</td><td></td><td>学号</td><td></td><td>日期</td><td colspan="2">年　月　日</td></tr>
<tr><td>序号</td><td colspan="2">评价内容和描述</td><td colspan="3">评价细则</td><td>配分</td><td>得分</td><td>总评</td></tr>
<tr><td>1</td><td colspan="2">能说出各类推出机构的工作原理、特点及适用场合</td><td colspan="3">一处不完整或不准确扣 5 分</td><td>20</td><td></td><td rowspan="4">A □
（86 ~ 100 分）
B □
（76 ~ 85 分）
C □
（60 ~ 75 分）
D □
（60 分以下）</td></tr>
<tr><td>2</td><td colspan="2">能说出玩具车车轮双分型面塑料成型模推出机构各零件的名称及作用</td><td colspan="3">一处不完整或不准确扣 5 分</td><td>20</td><td></td></tr>
<tr><td>3</td><td colspan="2">能制订合理的推出机构加工工作计划</td><td colspan="3">一处不合理扣 5 分</td><td>50</td><td></td></tr>
<tr><td>4</td><td colspan="2">能积极参与小组讨论，运用专业术语与他人交流（小组长对成员打分）</td><td colspan="3">参与积极性高，合作意识好得 10 分；参与积极性一般，合作意识一般得 5 分；参与积极性差，合作意识差得 1 分</td><td>10</td><td></td></tr>
<tr><td>小结
建议</td><td colspan="8"></td></tr>
</table>

学习活动 2　推出机构的加工

学习目标

1. 能根据推出机构加工要求选择工具、量具、刀具等。

2. 能合理编制司筒针压板、推板、推杆固定板加工工艺卡。

3. 能独立完成司筒针压板、推板、推杆固定板的加工。

4. 能正确地检测司筒针压板、推板、推杆固定板加工质量。

5. 能在工作现场执行 7S 管理规定。

建议学时：11 学时。

学习过程

1．司筒针压板的加工

（1）确定加工司筒针压板的铣刀规格。

（2）确定加工司筒针压板的切削用量。

（3）加工司筒针压板时，如何确定加工基准？

（4）从高效、节能、环保等角度出发，分组讨论司筒针压板的加工工艺，并编制司筒针压板加工工艺卡（表 6–4）。

表 6–4　　司筒针压板加工工艺卡

			材料		图号			
			产品数量		零件名称		共　页	第　页
工序号	工序名称	工序内容	车间	工段	设备	工艺装备	工时	
							准终	单件

（5）根据司筒针压板加工工艺卡领取工具、量具、刀具，并检查它们的状况及功能，填写工具、量具、刀具清单（表 6–5）。

表 6–5　　工具、量具、刀具清单

序号	名称	规格	数量	备注

（6）独立完成司筒针压板的加工，并在表 6–6 中记录加工过程中出现的问题及解决方法。

表 6–6　　加工过程中出现的问题及解决方法

问题	解决方法

（7）按照图样要求检测司筒针压板的各项指标是否合格，完成表 6–7。

表 6–7　　司筒针压板加工质量检测

序号	检测特征	理论尺寸	实际检测尺寸	是否合格

2．推板加工

（1）推板上孔的中心是如何确定的?

（2）从高效、节能、环保等角度出发，分组讨论推板的加工工艺，并编制推板加工工艺卡（表 6–8）。

表 6–8　推板加工工艺卡

<table>
<tr><td colspan="3" rowspan="2"></td><td>材料</td><td></td><td>图号</td><td colspan="3"></td></tr>
<tr><td>产品数量</td><td></td><td>零件名称</td><td></td><td>共　页</td><td>第　页</td></tr>
<tr><td rowspan="2">工序号</td><td rowspan="2">工序名称</td><td rowspan="2">工序内容</td><td rowspan="2">车间</td><td rowspan="2">工段</td><td rowspan="2">设备</td><td rowspan="2">工艺装备</td><td colspan="2">工时</td></tr>
<tr><td>准终</td><td>单件</td></tr>
<tr><td></td><td></td><td></td><td></td><td></td><td></td><td></td><td></td><td></td></tr>
<tr><td></td><td></td><td></td><td></td><td></td><td></td><td></td><td></td><td></td></tr>
<tr><td></td><td></td><td></td><td></td><td></td><td></td><td></td><td></td><td></td></tr>
<tr><td></td><td></td><td></td><td></td><td></td><td></td><td></td><td></td><td></td></tr>
<tr><td></td><td></td><td></td><td></td><td></td><td></td><td></td><td></td><td></td></tr>
<tr><td></td><td></td><td></td><td></td><td></td><td></td><td></td><td></td><td></td></tr>
<tr><td></td><td></td><td></td><td></td><td></td><td></td><td></td><td></td><td></td></tr>
<tr><td></td><td></td><td></td><td></td><td></td><td></td><td></td><td></td><td></td></tr>
<tr><td></td><td></td><td></td><td></td><td></td><td></td><td></td><td></td><td></td></tr>
<tr><td></td><td></td><td></td><td></td><td></td><td></td><td></td><td></td><td></td></tr>
</table>

（3）根据推板加工工艺卡领取工具、量具、刀具，并检查它们的状况及功能，填写工具、量具、刀具清单（表 6–9）。

表 6–9　　工具、量具、刀具清单

序号	名称	规格	数量	备注

（4）独立完成推板的加工，并在表 6–10 中记录加工过程中出现的问题及解决方法。

表 6–10　　加工过程中出现的问题及解决方法

问题	解决方法

（5）按照图样要求检测推板的各项指标是否合格，完成表 6–11。

表 6–11　推板加工质量检测

序号	检测特征	理论尺寸	实际检测尺寸	是否合格

3．推杆固定板加工

（1）推杆固定板上沉头孔的深度尺寸有什么要求?

（2）加工沉头孔时，如何控制其深度尺寸?

（3）从高效、节能、环保等角度出发，分组讨论推杆固定板的加工工艺，并编制推杆固定板加工工艺卡（表 6–12）。

表 6–12　推杆固定板加工工艺卡

<table>
<tr><td colspan="3" rowspan="2"></td><td>材料</td><td></td><td>图号</td><td colspan="3"></td></tr>
<tr><td>产品数量</td><td></td><td>零件名称</td><td></td><td>共　页</td><td>第　页</td></tr>
<tr><td rowspan="2">工序号</td><td rowspan="2">工序名称</td><td rowspan="2">工序内容</td><td rowspan="2">车间</td><td rowspan="2">工段</td><td rowspan="2">设备</td><td rowspan="2">工艺装备</td><td colspan="2">工时</td></tr>
<tr><td>准终</td><td>单件</td></tr>
<tr><td></td><td></td><td></td><td></td><td></td><td></td><td></td><td></td><td></td></tr>
<tr><td></td><td></td><td></td><td></td><td></td><td></td><td></td><td></td><td></td></tr>
<tr><td></td><td></td><td></td><td></td><td></td><td></td><td></td><td></td><td></td></tr>
<tr><td></td><td></td><td></td><td></td><td></td><td></td><td></td><td></td><td></td></tr>
<tr><td></td><td></td><td></td><td></td><td></td><td></td><td></td><td></td><td></td></tr>
<tr><td></td><td></td><td></td><td></td><td></td><td></td><td></td><td></td><td></td></tr>
<tr><td></td><td></td><td></td><td></td><td></td><td></td><td></td><td></td><td></td></tr>
<tr><td></td><td></td><td></td><td></td><td></td><td></td><td></td><td></td><td></td></tr>
<tr><td></td><td></td><td></td><td></td><td></td><td></td><td></td><td></td><td></td></tr>
<tr><td></td><td></td><td></td><td></td><td></td><td></td><td></td><td></td><td></td></tr>
</table>

（4）根据推杆固定板加工工艺卡领取工具、量具、刀具，并检查它们的状况及功能，填写工具、量具、刀具清单（表 6–13）。

表 6–13　工具、量具、刀具清单

序号	名称	规格	数量	备注

（5）独立完成推杆固定板的加工，并在表 6–14 中记录加工过程中出现的问题及解决方法。

表 6–14　　　　加工过程中出现的问题及解决方法

问题	解决方法

（6）按照图样要求检测推杆固定板的各项指标是否合格，完成表 6–15。

表 6–15　　　　推杆固定板加工质量检测

序号	检测特征	理论尺寸	实际检测尺寸	是否合格

评价与分析

学习活动过程评价表

<table>
<tr><td>班级</td><td></td><td>姓名</td><td></td><td>学号</td><td></td><td>日期</td><td colspan="3">年 月 日</td></tr>
<tr><td>序号</td><td colspan="2">评价内容和描述</td><td colspan="3">评价细则</td><td>配分</td><td>得分</td><td colspan="2">总评</td></tr>
<tr><td>1</td><td colspan="2">能合理编制司筒针压板加工工艺卡</td><td colspan="3">一处不合理扣 1 分</td><td>5</td><td></td><td colspan="2" rowspan="11">A □
（86 ~ 100 分）

B □
（76 ~ 85 分）

C □
（60 ~ 75 分）

D □
（60 分以下）</td></tr>
<tr><td>2</td><td colspan="2">能独立完成司筒针压板的加工</td><td colspan="3">能独立完成得 10 分，在教师或同学协助下完成得 5 分，不能完成不得分</td><td>15</td><td></td></tr>
<tr><td>3</td><td colspan="2">能正确检测司筒针压板加工质量</td><td colspan="3">一处检测方法不正确扣 2 分，一处加工质量不合格扣 2 分</td><td>10</td><td></td></tr>
<tr><td>4</td><td colspan="2">能合理编制推板加工工艺卡</td><td colspan="3">一处不合理扣 1 分</td><td>5</td><td></td></tr>
<tr><td>5</td><td colspan="2">能独立完成推板的加工</td><td colspan="3">能独立完成得 10 分，在教师或同学协助下完成得 5 分，不能完成不得分</td><td>15</td><td></td></tr>
<tr><td>6</td><td colspan="2">能正确检测推板加工质量</td><td colspan="3">一处检测方法不正确扣 2 分，一处加工质量不合格扣 2 分</td><td>10</td><td></td></tr>
<tr><td>7</td><td colspan="2">能合理编制推杆固定板加工工艺卡</td><td colspan="3">一处不合理扣 1 分</td><td>5</td><td></td></tr>
<tr><td>8</td><td colspan="2">能独立完成推杆固定板的加工</td><td colspan="3">能独立完成得 10 分，在教师或同学协助下完成得 5 分，不能完成不得分</td><td>15</td><td></td></tr>
<tr><td>9</td><td colspan="2">能正确检测推杆固定板加工质量</td><td colspan="3">一处检测方法不正确扣 2 分，一处加工质量不合格扣 2 分</td><td>10</td><td></td></tr>
<tr><td>10</td><td colspan="2">能在工作现场执行 7S 管理规定</td><td colspan="3">能够执行 7S 管理规定中的 5 ~ 6 条得 5 分，能够执行 7S 管理规定中的 3 ~ 4 条得 3 分，能够执行 7S 管理规定中的 1 ~ 2 条得 1 分</td><td>5</td><td></td></tr>
<tr><td>11</td><td colspan="2">能积极参与小组讨论，运用专业术语与他人交流（小组长对成员打分）</td><td colspan="3">参与积极性高，合作意识好得 5 分；参与积极性一般，合作意识一般得 3 分；参与积极性差，合作意识差得 1 分</td><td>5</td><td></td></tr>
<tr><td>小结
建议</td><td colspan="9"></td></tr>
</table>

学习活动 3　工作总结，成果展示，经验交流

学习目标

1. 能规范撰写工作总结。
2. 能采用多种形式进行成果展示。
3. 能有效进行工作反馈与经验交流。

建议学时：2 学时。

学习过程

一、展示与评价

把小组制作好的玩具车车轮双分型面塑料成型模的推出机构先进行分组展示，再由小组推荐代表做必要的介绍。在展示的过程中，以组为单位进行评价；评价完成后，根据其他组成员对本组展示成果的评价意见进行归纳总结。完成如下项目：

1．展示的产品符合技术标准吗？

符合□　　不符合□　　可返修□　　直接报废□

2．与其他组相比，你认为本小组的产品工艺如何？

工艺优化□　　工艺合理□　　工艺一般□

3．本小组介绍成果表达是否清晰？

很清晰□　　一般，常补充□　　不清晰□

4．本小组演示产品检测方法操作正确吗？

正确□　　部分正确□　　不正确□

5．本小组演示操作时遵循 7S 管理规定了吗？

遵循了□　　部分遵循□　　完全没有遵循□

6．本小组成员的团队创新精神如何？

良好□　　一般□　　不足□

7. 总结本次任务是否达到学习目标。如果没有达到学习目标，分析并写出哪部分内容没有学好，然后返回到相应处补充学习。

二、教师评价

对各组的展示过程及推出机构加工质量进行点评，对不足的地方提出改进方法。

三、综合评价

结合自身完成任务情况，通过交流讨论等方式较全面、规范地撰写本任务的工作总结。

工作总结（心得体会）

评价与分析

学习任务六评价表

班级：________　姓名：________　学号：________

项目	自我评价			小组评价			教师评价		
	10 ~ 9	8 ~ 6	5 ~ 1	10 ~ 9	8 ~ 6	5 ~ 1	10 ~ 9	8 ~ 6	5 ~ 1
	占总评 10%			占总评 30%			占总评 60%		
学习活动 1									
学习活动 2									
学习活动 3									
协作精神									
纪律观念									
表达能力									
工作态度									
小计									
总评									

任课教师：________　　________年________月________日

世赛知识

世界技能大赛参赛选手要求

在世界技能大赛的舞台上，年轻人担当主角。世界技能组织规定，绝大多数参赛选手年龄在大赛当年不得超过 22 周岁，特殊的技能竞赛项目如果需要放宽年龄限制，则必须经专家提议、竞赛委员会同意，并在赛前 12 个月召开的全体大会上获批后方可执行。目前，获准放宽年龄限制的项目有信息网络布线、机电一体化、制造团队挑战赛和飞机维修，在大赛当年这 4 个项目参赛选手的年龄不得超过 25 周岁。

世界技能大赛对所有符合年龄要求的年轻人“敞开大门”，没有任何在职或者在学等身份的限制。

学习任务七　玩具车车轮双分型面塑料成型模推料板加工

学习目标

1. 能分析推料板零件图样，明确加工要求。

2. 能制订合理的推料板加工工作计划。

3. 能合理编制推料板加工工艺卡。

4. 能选择合理的加工参数，完成推料板加工程序的编制。

5. 能独立操作数控铣床完成推料板的加工。

6. 能正确检测推料板加工质量。

7. 能在工作过程中严格执行企业操作规范、安全生产制度、环保管理制度以及7S管理规定，严格遵守从业人员的职业道德，具有吃苦耐劳、爱岗敬业的工作态度和职业责任感。

8. 能与班组长、工具管理员等相关人员进行有效的沟通与合作。

9. 能主动展示并汇报工作成果，对工作过程中出现的问题进行反思与总结，从而优化方案和策略，并具备知识迁移能力。

建议学时

10学时。

工作情景描述

通过查阅相关资料了解推料板（图7–1）材料的切削性能和力学性能，通过小组讨论，确定推料板的加工方法和加工步骤，编制推料板加工工艺卡。根据图样要求，编制数控铣床加工程序，操作数控铣床加工推料板。选用正确的量具和检测方法，检测推料板质量，提交合格产品。按机床维护与保养要求，完成机床的维护与保养工作；按工作现场管理规范，打扫场地，归置物品；按环保要求处理加工废屑、废液。

零件图

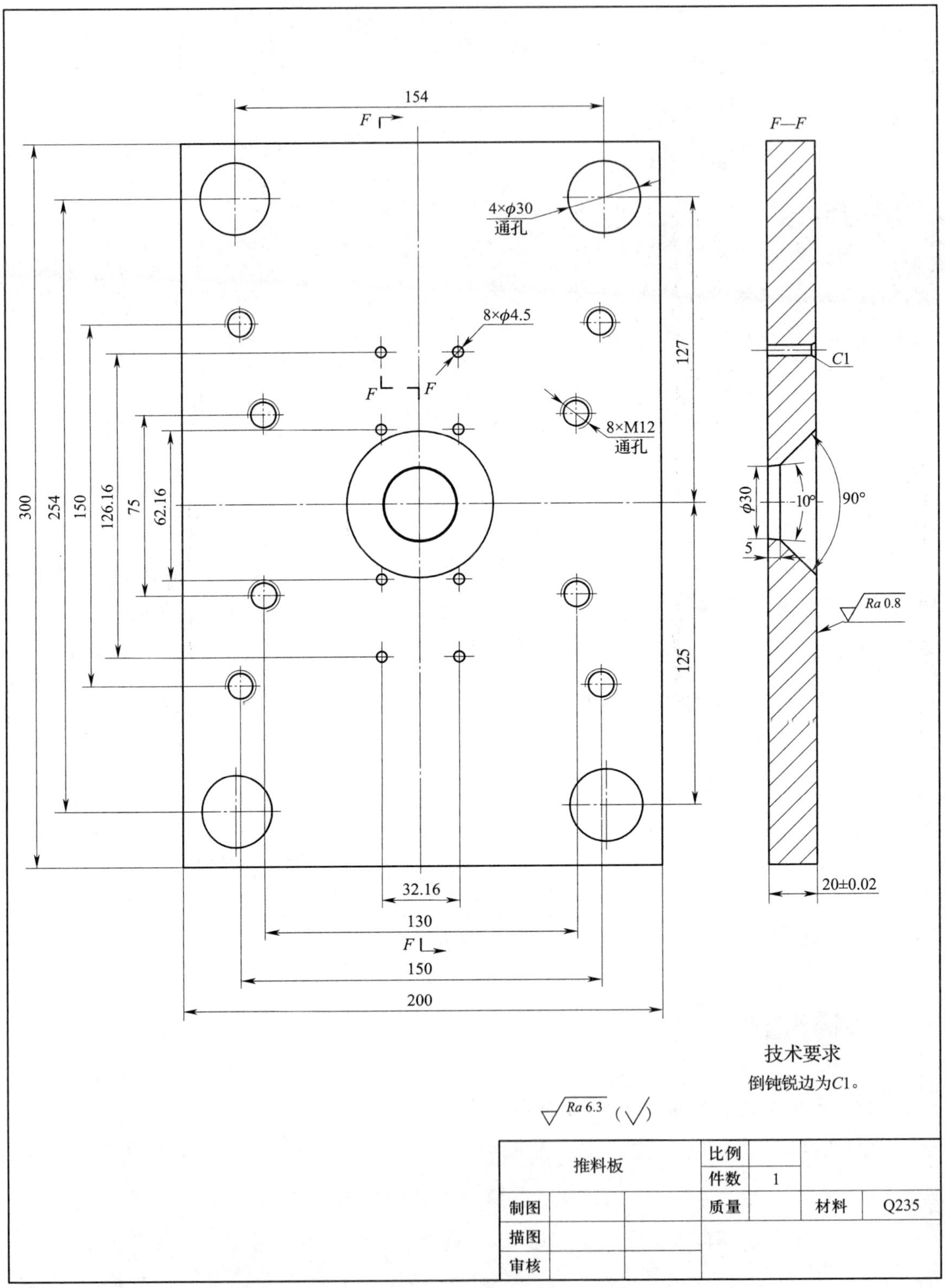

推料板		比例			
		件数	1		
制图		质量		材料	Q235
描图					
审核					

图 7–1　推料板

工作流程与活动

1．接受工作任务，明确工作要求（2 学时）

2．推料板的加工（6 学时）

3．工作总结，成果展示，经验交流（2 学时）

学习活动 1　接受工作任务，明确工作要求

学习目标

1. 能主动接受工作任务，明确任务要求。

2. 能说出玩具车车轮双分型面塑料成型模推料板的作用。

3. 能分析推料板零件图样，明确加工要求。

4. 能制订合理的推料板加工工作计划。

5. 能在工作中应用专业术语进行交流。

建议学时：2 学时。

学习过程

1．阅读生产派工单（表 7–1）

表 7–1　　生产派工单

单号：__________　开单部门：__________　开单人：____________________

开单时间：_____年_____月___日___时　接单人：_______部_______小组_______（签名）

<table>
<tr><td colspan="4">以下由开单人填写</td></tr>
<tr><td>产品名称</td><td>推料板</td><td>完成工时</td><td></td></tr>
<tr><td>产品技术要求</td><td colspan="3">按图样加工，满足使用功能要求</td></tr>
<tr><td colspan="4">以下由接单人和确认方填写</td></tr>
<tr><td>领取材料
（含消耗品）</td><td></td><td rowspan="2">成本
核算</td><td rowspan="2">金额合计：
仓管员（签名）
年　月　日</td></tr>
<tr><td>领用工具</td><td></td></tr>
</table>

续表

操作者检测		（签名） 年　月　日
班组检测		（签名） 年　月　日
质量员检测	□合格　□不良　□返修　□报废	（签名） 年　月　日

2．查阅相关资料，说明推料板在双分型面塑料成型模中的作用。

3．利用软件绘制推料板零件图，并打印出来粘贴于下方框格中。

4．分析推料板零件图，明确零件各种加工要求，填写表 7–2。

表 7–2　　推料板加工要求

序号	项目	内容	加工要求
1	主要加工尺寸		
2	表面粗糙度		

5．根据推料板加工内容，制订推料板加工工作计划，填写 7–3。

表 7–3　　推料板加工工作计划

序号	开始时间	结束时间	工作内容	工作要求	备注

评价与分析

学习活动过程评价表

<table>
<tr><td>班级</td><td></td><td>姓名</td><td></td><td>学号</td><td></td><td>日期</td><td colspan="2">年　月　日</td></tr>
<tr><td>序号</td><td colspan="2">评价内容和描述</td><td colspan="3">评价细则</td><td>配分</td><td>得分</td><td>总评</td></tr>
<tr><td>1</td><td colspan="2">能说出玩具车车轮双分型面塑料成型模推料板的作用</td><td colspan="3">一处不完整或不准确扣 5 分</td><td>20</td><td></td><td rowspan="4">A □
（86 ~ 100 分）
B □
（76 ~ 85 分）
C □
（60 ~ 75 分）
D □
（60 分以下）</td></tr>
<tr><td>2</td><td colspan="2">能说出推料板的主要加工尺寸、几何公差及表面粗糙度等要求</td><td colspan="3">一处不完整或不准确扣 5 分</td><td>30</td><td></td></tr>
<tr><td>3</td><td colspan="2">能制订合理的推料板加工工作计划</td><td colspan="3">一处不合理扣 10 分</td><td>40</td><td></td></tr>
<tr><td>4</td><td colspan="2">能积极参与小组讨论，运用专业术语与他人交流（小组长对成员打分）</td><td colspan="3">参与积极性高，合作意识好得 10 分；参与积极性一般，合作意识一般得 5 分；参与积极性差，合作意识差得 1 分</td><td>10</td><td></td></tr>
<tr><td>小结
建议</td><td colspan="8"></td></tr>
</table>

学习活动2　推料板的加工

学习目标

1. 能合理编制推料板加工工艺卡。
2. 能根据推料板特征正确选择工具、量具、刀具。
3. 能选择合理的加工参数，完成推料板加工程序的编制。
4. 能独立操作数控铣床完成推料板的加工。
5. 能正确检测推料板加工质量。
6. 能在工作现场执行7S管理规定。

建议学时：6学时。

学习过程

1．装夹推料板时的注意事项有哪些?

2．推料板的加工基准如何确定?

3．查阅资料，明确各种加工刀具的切削性能及参数，从高效、节能、环保等角度出发，分组讨论推料板的加工工艺，并编制推料板加工工艺卡（表 7–4）。

表 7–4　　推料板加工工艺卡

<table>
<tr><td colspan="3" rowspan="2"></td><td>材料</td><td></td><td>图号</td><td colspan="3"></td></tr>
<tr><td>产品数量</td><td></td><td>零件名称</td><td></td><td>共　页</td><td>第　页</td></tr>
<tr><td rowspan="2">工序号</td><td rowspan="2">工序名称</td><td rowspan="2">工序内容</td><td rowspan="2">车间</td><td rowspan="2">工段</td><td rowspan="2">设备</td><td rowspan="2">工艺装备</td><td colspan="2">工时</td></tr>
<tr><td>准终</td><td>单件</td></tr>
<tr><td></td><td></td><td></td><td></td><td></td><td></td><td></td><td></td><td></td></tr>
<tr><td></td><td></td><td></td><td></td><td></td><td></td><td></td><td></td><td></td></tr>
<tr><td></td><td></td><td></td><td></td><td></td><td></td><td></td><td></td><td></td></tr>
<tr><td></td><td></td><td></td><td></td><td></td><td></td><td></td><td></td><td></td></tr>
<tr><td></td><td></td><td></td><td></td><td></td><td></td><td></td><td></td><td></td></tr>
<tr><td></td><td></td><td></td><td></td><td></td><td></td><td></td><td></td><td></td></tr>
<tr><td></td><td></td><td></td><td></td><td></td><td></td><td></td><td></td><td></td></tr>
<tr><td></td><td></td><td></td><td></td><td></td><td></td><td></td><td></td><td></td></tr>
<tr><td></td><td></td><td></td><td></td><td></td><td></td><td></td><td></td><td></td></tr>
<tr><td></td><td></td><td></td><td></td><td></td><td></td><td></td><td></td><td></td></tr>
</table>

4．根据推料板加工工艺卡领取工具、量具、刀具，并检查它们的状况及功能，填写工具、量具、刀具清单（表 7–5）。

表 7–5　　工具、量具、刀具清单

序号	名称	规格	数量	备注

5．写出推料板的数控铣床加工程序。

6．程序自检后，独立操作数控铣床完成推料板的加工，并在表 7–6 中记录加工过程中出现的问题及解决方法。

表 7–6　　加工过程中出现的问题及解决方法

问题	解决方法

7．按照图样要求检测推料板的各项指标是否合格，完成表 7–7。

表 7–7　　推料板加工质量检测

序号	检测特征	理论尺寸	实际检测尺寸	是否合格

评价与分析

学习活动过程评价表

<table>
<tr><td>班级</td><td></td><td>姓名</td><td></td><td>学号</td><td></td><td>日期</td><td colspan="2">年　月　日</td></tr>
<tr><th>序号</th><th colspan="2">评价内容和描述</th><th colspan="3">评价细则</th><th>配分</th><th>得分</th><th>总评</th></tr>
<tr><td>1</td><td colspan="2">能合理编制推料板加工工艺卡</td><td colspan="3">一处不合理扣 2 分</td><td>10</td><td></td><td rowspan="7">A □
（86 ~ 100 分）

B □
（76 ~ 85 分）

C □
（60 ~ 75 分）

D □
（60 分以下）</td></tr>
<tr><td>2</td><td colspan="2">能根据推料板特征正确选择工具、量具、刀具</td><td colspan="3">一处不正确扣 2 分</td><td>10</td><td></td></tr>
<tr><td>3</td><td colspan="2">能选择合理的加工参数，完成推料板加工程序的编制</td><td colspan="3">一处不合理扣 4 分</td><td>20</td><td></td></tr>
<tr><td>4</td><td colspan="2">能独立操作数控铣床完成推料板的加工</td><td colspan="3">能独立完成得 20 分，在教师或同学协助下完成得 10 分，不能完成不得分</td><td>20</td><td></td></tr>
<tr><td>5</td><td colspan="2">能正确检测推料板加工质量</td><td colspan="3">一处检测方法不正确扣 4 分，一处加工质量不合格扣 5 分</td><td>20</td><td></td></tr>
<tr><td>6</td><td colspan="2">能在工作现场执行 7S 管理规定</td><td colspan="3">能够执行 7S 管理规定中的 5 ~ 6 条得 10 分，能够执行 7S 管理规定中的 3 ~ 4 条得 5 分，能够执行 7S 管理规定中的 1 ~ 2 条得 1 分</td><td>10</td><td></td></tr>
<tr><td>7</td><td colspan="2">能积极参与小组讨论，运用专业术语与他人交流（小组长对成员打分）</td><td colspan="3">参与积极性高，合作意识好得 10 分；参与积极性一般，合作意识一般得 5 分；参与积极性差，合作意识差得 1 分</td><td>10</td><td></td></tr>
<tr><td>小结
建议</td><td colspan="8"></td></tr>
</table>

学习活动 3　工作总结，成果展示，经验交流

学习目标

1. 能规范撰写工作总结。
2. 能采用多种形式进行成果展示。
3. 能有效进行工作反馈与经验交流。

建议学时：2 学时。

学习过程

一、展示与评价

把小组制作好的玩具车车轮双分型面塑料成型模的推料板先进行分组展示，再由小组推荐代表做必要的介绍。在展示的过程中，以组为单位进行评价；评价完成后，根据其他组成员对本组展示成果的评价意见进行归纳总结。完成如下项目：

1．展示的产品符合技术标准吗？

符合□　　不符合□　　可返修□　　直接报废□

2．与其他组相比，你认为本小组的产品工艺如何？

工艺优化□　　工艺合理□　　工艺一般□

3．本小组介绍成果表达是否清晰？

很清晰□　　一般，常补充□　　不清晰□

4．本小组演示产品检测方法操作正确吗？

正确□　　部分正确□　　不正确□

5．本小组演示操作时遵循 7S 管理规定了吗？

遵循了□　　部分遵循□　　完全没有遵循□

6．本小组成员的团队创新精神如何？

良好□　　一般□　　不足□

7．总结本次任务是否达到学习目标。如果没有达到学习目标，分析并写出哪部分内容没有学好，然后返回到相应处补充学习。

二、教师评价

对各组的展示过程及推料板加工质量进行点评，对不足的地方提出改进方法。

三、综合评价

结合自身完成任务情况，通过交流讨论等方式较全面、规范地撰写本任务的工作总结。

工作总结（心得体会）

评价与分析

学习任务七评价表

班级：________ 姓名：________ 学号：________

项目	自我评价			小组评价			教师评价		
	10 ~ 9	8 ~ 6	5 ~ 1	10 ~ 9	8 ~ 6	5 ~ 1	10 ~ 9	8 ~ 6	5 ~ 1
	占总评 10%			占总评 30%			占总评 60%		
学习活动 1									
学习活动 2									
学习活动 3									
协作精神									
纪律观念									
表达能力									
工作态度									
小计									
总评									

任课教师：________ ________年________月________日

学习任务八　玩具车车轮双分型面塑料成型模动模板、定模板加工

学习目标

1. 能分析动模板、定模板零件图样，明确加工要求。

2. 能制订合理的动模板、定模板加工工作计划。

3. 能合理编制动模板、定模板加工工艺卡。

4. 能选择合理的加工参数，完成动模板、定模板加工程序的编制。

5. 能独立操作数控铣床完成动模板、定模板的加工。

6. 能正确地检测动模板、定模板加工质量。

7. 能合理编制定模板冷却水道加工工艺卡、型腔冷却水道加工工艺卡。

8. 能正确选择切削用量，规范操作摇臂钻床完成冷却水道的加工。

9. 能在工作过程中严格执行企业操作规范、安全生产制度、环保管理制度以及7S管理规定，严格遵守从业人员的职业道德，具有吃苦耐劳、爱岗敬业的工作态度和职业责任感。

10. 能与班组长、工具管理员等相关人员进行有效的沟通与合作。

11. 能主动展示并汇报工作成果，对工作过程中出现的问题进行反思与总结，从而优化方案和策略，并具备知识迁移能力。

建议学时

15学时。

工作情景描述

玩具车车轮双分型面塑料成型模的控制开合模顺序的关键部件主要在动模板（图8–1）、定模板（图1–7）上，模具的成型零部件也主要在动模板、定模板上。通过查阅相关资料了解动模板、定模板材料

的切削性能和力学性能，通过小组讨论，确定动模板、定模板的加工方法和加工步骤，编制动模板、定模板加工工艺卡。根据零件图样要求，编制数控铣床加工程序，操作数控铣床加工动模板、定模板。选用正确的量具和检测方法，检测动模板、定模板质量，提交合格产品。按机床维护与保养要求，完成机床的维护与保养工作；按工作现场管理规范，打扫场地，归置物品；按环保要求处理加工废屑、废液。

零件图

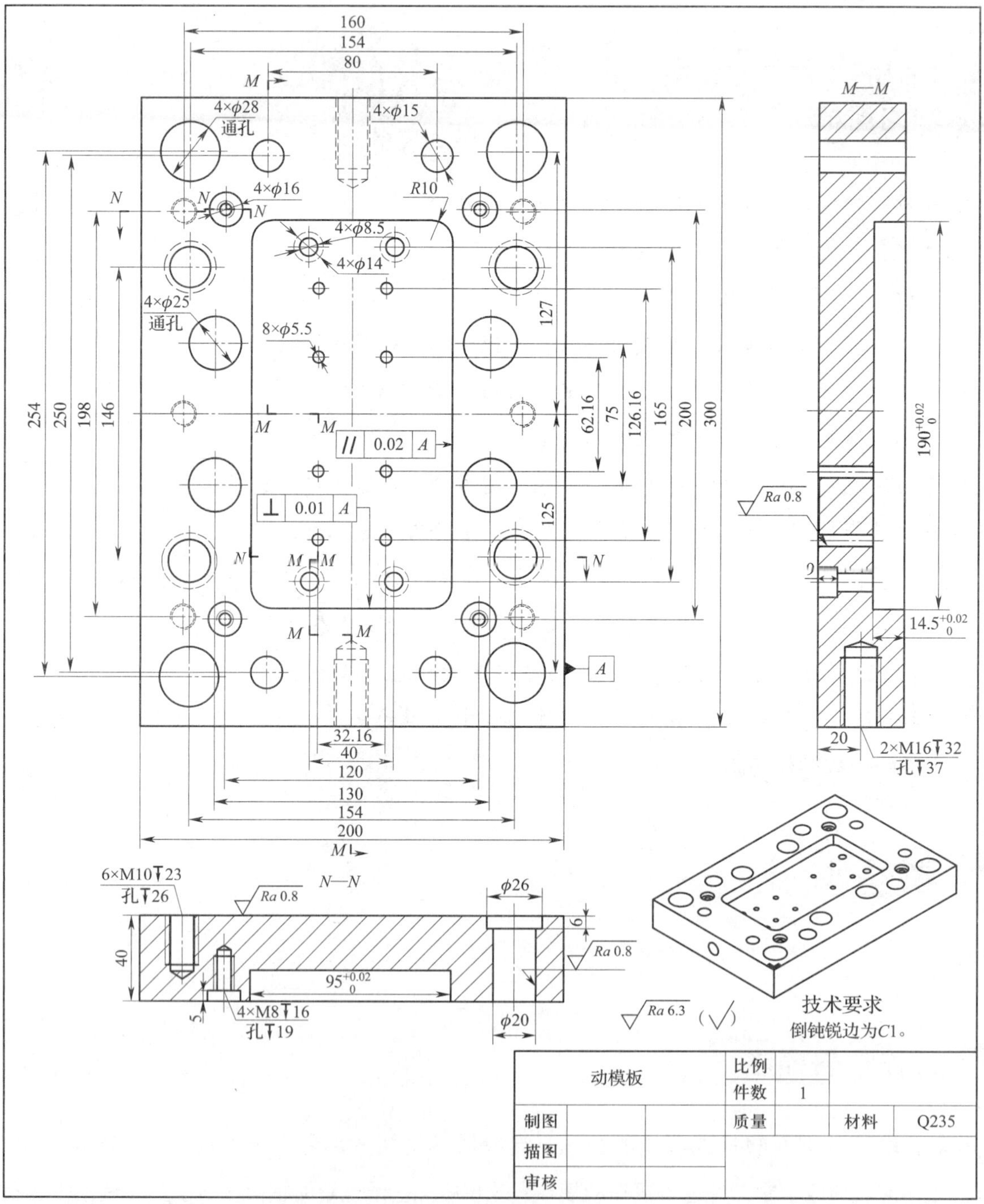

技术要求

倒钝锐边为C1。

动模板		比例		
		件数	1	
制图		质量		材料 Q235
描图				
审核				

图 8-1　动模板

工作流程与活动

1．接受工作任务，明确工作要求（3 学时）

2．动模板、定模板的加工（6 学时）

3．冷却水道的加工（5 学时）

4．工作总结，成果展示，经验交流（1 学时）

学习活动1　接受工作任务，明确工作要求

学习目标

1. 能主动接受工作任务，明确任务要求。

2. 能说出玩具车车轮双分型面塑料成型模动模板、定模板的作用。

3. 能分析动模板、定模板的零件图样，明确加工要求。

4. 能制订合理的动模板、定模板加工工作计划。

5. 能在工作中应用专业术语进行交流。

建议学时：3学时。

学习过程

1．阅读生产派工单（表8-1）

表8-1　　生产派工单

单号：__________　开单部门：__________　开单人：____________________

开单时间：_____年_____月___日___时　接单人：_______部_______小组_______（签名）

<table>
<tr><td colspan="4">以下由开单人填写</td></tr>
<tr><td>产品名称</td><td>动模板、定模板</td><td>完成工时</td><td></td></tr>
<tr><td>产品技术要求</td><td colspan="3">按图样加工，满足使用功能要求</td></tr>
<tr><td colspan="4">以下由接单人和确认方填写</td></tr>
<tr><td>领取材料
（含消耗品）</td><td></td><td rowspan="2">成本
核算</td><td rowspan="2">金额合计：
仓管员（签名）
年　月　日</td></tr>
<tr><td>领用工具</td><td></td></tr>
</table>

续表

操作者 检测		（签名） 年　月　日
班组检测		（签名） 年　月　日
质量员 检测	□合格　□不良　□返修　□报废	（签名） 年　月　日

2．小组讨论玩具车车轮双分型面塑料成型模中动模板、定模板的作用。

3．利用软件绘制动模板、定模板零件图，并打印出来粘贴于下方框格中。

4．分析动模板零件图，明确零件各种加工要求，填写表 8–2。

表 8–2　　动模板加工要求

序号	项目	内容	加工要求
1	主要加工尺寸		
2	几何公差		
3	表面粗糙度		

5．分析定模板零件图，明确零件各种加工要求，填写表 8–3。

表 8–3　　定模板加工要求

序号	项目	内容	加工要求
1	主要加工尺寸		
2	几何公差		
3	表面粗糙度		

6．根据动模板加工内容，制订动模板加工工作计划，填写表 8–4。

表 8–4　　动模板加工工作计划

序号	开始时间	结束时间	工作内容	工作要求	备注

7．根据定模板加工内容，制订定模板加工工作计划，填写表 8–5。

表 8–5　　定模板加工工作计划

序号	开始时间	结束时间	工作内容	工作要求	备注

评价与分析

学习活动过程评价表

<table>
<tr><td>班级</td><td></td><td>姓名</td><td></td><td>学号</td><td></td><td>日期</td><td colspan="2">年 月 日</td></tr>
<tr><td>序号</td><td colspan="2">评价内容和描述</td><td colspan="3">评价细则</td><td>配分</td><td>得分</td><td>总评</td></tr>
<tr><td>1</td><td colspan="2">能说出玩具车车轮双分型面塑料成型模动模板的作用</td><td colspan="3">一处不完整或不准确扣 5 分</td><td>10</td><td></td><td rowspan="7">A □
（86 ~ 100 分）

B □
（76 ~ 85 分）

C □
（60 ~ 75 分）

D □
（60 分以下）</td></tr>
<tr><td>2</td><td colspan="2">能说出玩具车车轮双分型面塑料成型模定模板的作用</td><td colspan="3">一处不完整或不准确扣 5 分</td><td>10</td><td></td></tr>
<tr><td>3</td><td colspan="2">能说出动模板的主要加工尺寸、几何公差及表面粗糙度等要求</td><td colspan="3">一处不完整或不准确扣 3 分</td><td>15</td><td></td></tr>
<tr><td>4</td><td colspan="2">能说出定模板的主要加工尺寸、几何公差及表面粗糙度等要求</td><td colspan="3">一处不完整或不准确扣 3 分</td><td>15</td><td></td></tr>
<tr><td>5</td><td colspan="2">能制订合理的动模板加工工作计划</td><td colspan="3">一处不合理扣 5 分</td><td>20</td><td></td></tr>
<tr><td>6</td><td colspan="2">能制订合理的定模板加工工作计划</td><td colspan="3">一处不合理扣 5 分</td><td>20</td><td></td></tr>
<tr><td>7</td><td colspan="2">能积极参与小组讨论，运用专业术语与他人交流（小组长对成员打分）</td><td colspan="3">参与积极性高，合作意识好得 10 分；参与积极性一般，合作意识一般得 5 分；参与积极性差，合作意识差得 1 分</td><td>10</td><td></td></tr>
<tr><td>小结
建议</td><td colspan="8"></td></tr>
</table>

学习活动 2　动模板、定模板的加工

学习目标

1. 能根据动模板、定模板特征正确选择机床、工具、量具、刀具。

2. 能合理编制动模板、定模板加工工艺卡。

3. 能选择合理的加工参数，完成动模板、定模板加工程序的编制。

4. 能独立操作数控铣床完成动模板、定模板的加工。

5. 能正确检测动模板、定模板加工质量。

6. 能在工作现场执行 7S 管理规定。

建议学时：6 学时。

学习过程

1．根据动模板、定模板零件图，结合本校模具实训车间现有的机床设备情况进行分析，说明选择哪种机床加工动模板、定模板最佳，写出机床型号和主要技术参数。

2．动模板、定模板的加工基准如何确定?

3．在数控铣床上加工动模板、定模板时，应怎样对动模板、定模板进行装夹和校正?

4．铣削动模板、定模板的刀具应如何选择? 说明加工动模板、定模板的铣刀型号和规格。

5．铣刀的起刀点和换刀点应如何选择?

6．绘制动模板、定模板的铣削走刀路线图。

7．确定铣削动模板、定模板的切削用量。

8．查阅资料，明确各种加工刀具的切削性能及参数，从高效、节能、环保等角度出发，分组讨论动模板、定模板的加工工艺，并编制动模板加工工艺卡（表 8–6）、定模板加工工艺卡（表 8–7）。

表 8–6　　动模板加工工艺卡

			材料		图号			
			产品数量		零件名称		共　页	第　页
工序号	工序名称	工序内容	车间	工段	设备	工艺装备	工时	
							准终	单件

表 8–7　　定模板加工工艺卡

			材料		图号			
			产品数量		零件名称		共　页	第　页
工序号	工序名称	工序内容	车间	工段	设备	工艺装备	工时	
							准终	单件

9．根据动模板、定模板加工工艺卡领取工具、量具、刀具，并检查它们的状况及功能，填写工具、量具、刀具清单（表 8–8）。

表 8–8　　工具、量具、刀具清单

序号	名称	规格	数量	备注

10．写出动模板、定模板数控铣床加工程序。

11．独立操作数控铣床完成动模板、定模板的加工，并在表 8–9 中记录加工过程中出现的问题及解决方法。

表 8–9　　加工过程中出现的问题及解决方法

问题	解决方法

12．按照图样要求检测动模板的各项指标是否合格，完成表 8–10。

表 8–10　　动模板加工质量检测

序号	检测特征	理论尺寸	实际检测尺寸	是否合格

13．按照图样要求检测定模板的各项指标是否合格，完成表 8-11。

表 8-11　　定模板加工质量检测

序号	检测特征	理论尺寸	实际检测尺寸	是否合格

评价与分析

学习活动过程评价表

<table>
<tr><td>班级</td><td></td><td>姓名</td><td></td><td>学号</td><td></td><td>日期</td><td colspan="2">年　月　日</td></tr>
<tr><td>序号</td><td colspan="2">评价内容和描述</td><td colspan="3">评价细则</td><td>配分</td><td>得分</td><td>总评</td></tr>
<tr><td>1</td><td colspan="2">能正确选择加工动模板所需的机床、工具、量具、刀具</td><td colspan="3">一处不正确扣 1 分</td><td>5</td><td></td><td rowspan="5">A □
（86 ~ 100 分）
B □
（76 ~ 85 分）</td></tr>
<tr><td>2</td><td colspan="2">能正确选择加工定模板所需的机床、工具、量具、刀具</td><td colspan="3">一处不正确扣 1 分</td><td>5</td><td></td></tr>
<tr><td>3</td><td colspan="2">能合理制定动模板加工工艺卡</td><td colspan="3">一处不合理扣 2 分</td><td>10</td><td></td></tr>
<tr><td>4</td><td colspan="2">能合理制定定模板加工工艺卡</td><td colspan="3">一处不合理扣 2 分</td><td>10</td><td></td></tr>
<tr><td>5</td><td colspan="2">能选择合理的加工参数，完成动模板加工程序的编制</td><td colspan="3">一处不正确扣 2 分</td><td>10</td><td></td></tr>
</table>

续表

序号	评价内容和描述	评价细则	配分	得分	总评
6	能选择合理的加工参数，完成定模板加工程序的编制	一处不正确扣 2 分	10		C □ （60 ~ 75 分） D □ （60 分以下）
7	能独立操作数控铣床完成动模板的加工	能独立完成得 10 分，在教师或同学协助下完成得 5 分，不能完成不得分	10		
8	能独立操作数控铣床完成定模板的加工	能独立完成得 10 分，在教师或同学协助下完成得 5 分，不能完成不得分	10		
9	能正确检测动模板加工质量	一处检测方法不正确扣 2 分，一处加工质量不合格扣 5 分	10		
10	能正确检测定模板加工质量	一处检测方法不正确扣 2 分，一处加工质量不合格扣 5 分	10		
11	能在工作现场执行 7S 管理规定	能够执行 7S 管理规定中的 5 ~ 6 条得 5 分，能够执行 7S 管理规定中的 3 ~ 4 条得 3 分，能够执行 7S 管理规定中的 1 ~ 2 条得 1 分	5		
12	能积极参与小组讨论，运用专业术语与他人交流（小组长对成员打分）	参与积极性高，合作意识好得 5 分；参与积极性一般，合作意识一般得 3 分；参与积极性差，合作意识差得 1 分	5		
小结建议					

学习活动 3　冷却水道的加工

学习目标

1. 能合理制定定模板冷却水道加工工艺卡、型腔冷却水道加工工艺卡。

2. 能根据图样要求合理选择麻花钻、丝锥等刀具。

3. 能操作摇臂钻床，正确选择切削用量，完成冷却水道的加工。

4. 能选择合理的检测方法检测冷却水道加工质量。

5. 能在工作现场执行 7S 管理规定。

建议学时：5 学时。

学习过程

1．分析玩具车车轮双分型面塑料成型模图样，说明冷却水道特点。

2．查阅资料，明确各种加工刀具的切削性能及参数，从高效、节能、环保等角度出发，分组讨论定模板冷却水道、型腔冷却水道的加工工艺，并编写定模板冷却水道加工工艺卡（表 8–12）、型腔冷却水道加工工艺卡（表 8–13）。

表 8-12 定模板冷却水道加工工艺卡

			材料		图号			
			产品数量		零件名称		共 页	第 页
工序号	工序名称	工序内容	车间	工段	设备	工艺装备	工时	
							准终	单件

表 8-13 型腔冷却水道加工工艺卡

			材料		图号			
			产品数量		零件名称		共 页	第 页
工序号	工序名称	工序内容	车间	工段	设备	工艺装备	工时	
							准终	单件

3．根据定模板冷却水道、型腔冷却水道加工工艺卡领取工具、量具、刀具，并检查它们的状况及功能，填写定模板冷却水道的工具、量具、刀具清单（表 8–14）、型腔冷却水道的工具、量具、刀具清单（表 8–15）。

表 8–14　　定模板冷却水道的工具、量具、刀具清单

序号	名称	规格	数量	备注

表 8–15　　型腔冷却水道的工具、量具、刀具清单

序号	名称	规格	数量	备注

4．玩具车车轮双分型面塑料成型模的定模板、型腔应如何装夹在摇臂钻床上加工冷却水道？

5．规范操作摇臂钻床，完成冷却水道的加工，并在表 8–16 中记录加工过程中出现的问题及解决方法。

表 8–16　　加工过程中出现的问题及解决方法

问题	解决方法

6．写出检测冷却水道加工质量的方法和步骤。

评价与分析

学习活动过程评价表

班级		姓名		学号		日期	年 月 日	
序号	评价内容和描述		评价细则			配分	得分	总评
1	能正确分析玩具车车轮双分型面塑料成型模冷却水道特点		一处不完整或不准确扣 5 分			10		A □（86 ~ 100 分） B □（76 ~ 85 分） C □（60 ~ 75 分） D □（60 分以下）
2	能合理编制定模板冷却水道加工工艺卡		一处不正确扣 2 分			10		
3	能合理编制型腔冷却水道加工工艺卡		一处不正确扣 2 分			10		
4	能正确选择麻花钻、丝锥等刀具		一处不正确扣 5 分			10		
5	能正确选择切削用量		一处不正确扣 5 分			10		
6	能规范操作摇臂钻床，完成冷却水道的加工		一处不规范或者不正确扣 4 分			20		
7	能正确检测冷却水道的加工质量		一处检测方法不正确扣 4 分，一处加工质量不合格扣 5 分			20		
8	能在工作现场执行 7S 管理规定		能够执行 7S 管理规定中的 5 ~ 6 条得 5 分，能够执行 7S 管理规定中的 3 ~ 4 条得 3 分，能够执行 7S 管理规定中的 1 ~ 2 条得 1 分			5		
9	能积极参与小组讨论，运用专业术语与他人交流（小组长对成员打分）		参与积极性高，合作意识好得 5 分；参与积极性一般，合作意识一般得 3 分；参与积极性差，合作意识差得 1 分			5		
小结建议								

学习活动4　工作总结，成果展示，经验交流

学习目标

1. 能规范撰写工作总结。
2. 能采用多种形式进行成果展示。
3. 能有效进行工作反馈与经验交流。

建议学时：1学时。

学习过程

一、展示与评价

把小组制作好的玩具车车轮双分型面塑料成型模的动模板、定模板先进行分组展示，再由小组推荐代表做必要的介绍。在展示的过程中，以组为单位进行评价；评价完成后，根据其他组成员对本组展示成果的评价意见进行归纳总结。完成如下项目：

1．展示的产品符合技术标准吗？

符合□　　不符合□　　可返修□　　直接报废□

2．与其他组相比，你认为本小组的产品工艺如何？

工艺优化□　　工艺合理□　　工艺一般□

3．本小组介绍成果表达是否清晰？

很清晰□　　一般，常补充□　　不清晰□

4．本小组演示产品检测方法操作正确吗？

正确□　　部分正确□　　不正确□

5．本小组演示操作时遵循7S管理规定了吗？

遵循了□　　部分遵循□　　完全没有遵循□

6．本小组成员的团队创新精神如何？

良好□　　一般□　　不足□

7．总结本次任务是否达到学习目标。如果没有达到学习目标，分析并写出哪部分内容没有学好，然后返回到相应处补充学习。

二、教师评价

对各组的展示过程及动模板、定模板加工质量进行点评，对不足的地方提出改进方法。

三、综合评价

结合自身完成任务情况，通过交流讨论等方式较全面、规范地撰写本任务的工作总结。

工作总结（心得体会）

评价与分析

学习任务八评价表

班级：________　姓名：________　学号：________

项目	自我评价			小组评价			教师评价		
	10 ~ 9	8 ~ 6	5 ~ 1	10 ~ 9	8 ~ 6	5 ~ 1	10 ~ 9	8 ~ 6	5 ~ 1
	占总评 10%			占总评 30%			占总评 60%		
学习活动 1									
学习活动 2									
学习活动 3									
学习活动 4									
协作精神									
纪律观念									
表达能力									
工作态度									
小计									
总评									

任课教师：________　　　　________年________月________日

学习任务九　玩具车车轮双分型面塑料成型模装配、试模与修模

学习目标

1. 能制订玩具车车轮双分型面塑料成型模装配工作计划。

2. 能按表面粗糙度要求正确完成型芯、型腔的抛光。

3. 能根据玩具车车轮双分型面塑料成型模装配图要求分析模具装配技术要求，完成装配工艺卡的填写，明确装配步骤。

4. 能独立完成玩具车车轮双分型面塑料成型模装配，达到装配要求。

5. 能在试模前对玩具车车轮双分型面塑料成型模进行检测、调整。

6. 能根据试模的安全操作程序，在注塑机上正确安装模具进行试模。

7. 能根据玩具车车轮图样要求，检验制件质量。

8. 能对试模制件进行质量分析，编制合理的修模工艺卡，采用合适的工艺方法进行修模。

9. 能对玩具车车轮双分型面塑料成型模结构提出优化建议。

10. 能在工作过程中严格执行企业操作规范、安全生产制度、环保管理制度以及7S管理规定，严格遵守从业人员的职业道德，具有吃苦耐劳、爱岗敬业的工作态度和职业责任感。

11. 能与班组长、工具管理员等相关人员进行有效的沟通与合作。

12. 能主动展示并汇报工作成果，对工作过程中出现的问题进行反思与总结，从而优化方案和策略，并具备知识迁移能力。

20学时。

工作情景描述

玩具车车轮双分型面塑料成型模的主要成型零件加工完成后，需要进行装配，各小组应根据模具装配

图和装配技术要求，编制合理的模具装配工艺卡并组织实施，完成模具装配、检测和调整工作，然后进行试模，如果制件出现质量问题，应对制件的质量进行分析，按照检测和分析结果对模具进行修整。修模后，再进行试模，直至正常生产出合格制件。试模结束，对模具进行保养后入库。

工作流程与活动

1．接受工作任务，明确工作要求（1 学时）

2．抛光（4 学时）

3．装配（5 学时）

4．试模（4 学时）

5．修模（4 学时）

6．工作总结，成果展示，经验交流（2 学时）

学习活动1　接受工作任务，明确工作要求

学习目标

1. 能说出玩具车车轮双分型面塑料成型模装配场地应达到的安全要求。

2. 能明确工作任务要求，并准备好技术资料。

3. 能制订玩具车车轮双分型面塑料成型模装配工作计划。

4. 能在工作中应用专业术语进行交流。

建议学时：1学时。

学习过程

1. 阅读生产派工单（表9-1）

表9-1　生产派工单

单号：__________　开单部门：__________　开单人：____________________

开单时间：_____年_____月___日___时　接单人：_______部_______小组_______（签名）

<table>
<tr><td colspan="5">以下由开单人填写</td></tr>
<tr><td>产品名称</td><td colspan="2">玩具车车轮双分型面塑料成型模</td><td>完成工时</td><td></td></tr>
<tr><td>产品技术要求</td><td colspan="4">按图样进行装配，达到装配技术要求，满足试模条件</td></tr>
<tr><td colspan="5">以下由接单人和确认方填写</td></tr>
<tr><td>领取材料
（含消耗品）</td><td></td><td rowspan="2">成本核算</td><td colspan="2" rowspan="2">金额合计：

仓管员（签名）

年　月　日</td></tr>
<tr><td>领用工具</td><td></td></tr>
</table>

续表

操作者 检测		（签名） 年　月　日
班组检测		（签名） 年　月　日
质检员 检测	□合格　□不良　□返修　□报废	（签名） 年　月　日

2．查阅相关资料，写出玩具车车轮双分型面塑料成型模装配场地应达到的安全要求。

3．完成玩具车车轮双分型面塑料成型模装配工作需要准备哪些技术资料？

4．根据表 9–2 中玩具车车轮双分型面塑料成型模装配的主要内容，制订模具装配工作计划，确定负责人，完成表 9–2。

表 9–2 模具装配工作计划

序号	开始时间	结束时间	项目名称	工作内容	工作要求	负责人
1			准备阶段	研究装配图		
2				清理、检查零件		
3				准备装配工具		
4			组件装配阶段	装配动模		
5				装配定模		
6				装配冷却水道		
7			总装阶段	总装		
8			检验及调整阶段	检验		
9				调整		

评价与分析

学习活动过程评价表

班级		姓名		学号		日期	年 月 日
序号	评价内容和描述	评价细则			配分	得分	总评
1	能说出玩具车车轮双分型面塑料成型模装配场地应达到的安全要求	一处不完整或不准确扣 5 分			20		A □（86 ~ 100 分） B □（76 ~ 85 分） C □（60 ~ 75 分） D □（60 分以下）
2	能明确工作任务要求，并准备好技术资料	一处不完整或不准确扣 5 分			20		
3	能制订玩具车车轮双分型面塑料成型模装配工作计划	制订的工作计划一处不合理扣 10 分			50		
4	能积极参与小组讨论，运用专业术语与他人交流（小组长对成员打分）	参与积极性高，合作意识好得 10 分；参与积极性一般，合作意识一般得 5 分；参与积极性差，合作意识差得 1 分			10		
小结建议							

学习活动2　抛　　光

学习目标

1. 能说出模具常见抛光方法的工作原理。

2. 能说出常用抛光工具的名称、用途及使用注意事项。

3. 能说出抛光质量的影响因素。

4. 能说出常见抛光缺陷及其处理方法。

5. 能说出抛光过程中的注意事项。

6. 能说出常见的抛光工艺。

7. 能根据零件特征制定合理的抛光步骤。

8. 能按表面粗糙度要求正确完成型芯、型腔的抛光。

9. 能正确检测抛光质量。

10. 能在工作现场执行7S管理规定。

建议学时：4学时。

学习过程

1．通过观看视频及查阅资料，说明什么是模具的抛光工艺。

2．通过观看视频及查阅资料，说明表 9–3 中常见抛光方法的工作原理。

表 9–3　常见抛光方法的工作原理

抛光方法	工作原理
机械抛光法	
化学抛光法	
电解抛光法	
流体抛光法	
磁研磨抛光法	
超声波抛光法	

3．通过观看视频及查阅资料，认识各种抛光工具，在表 9–4 中填写其名称及用途。

表 9–4　各种抛光工具

图示	名称及用途	图示	名称及用途

		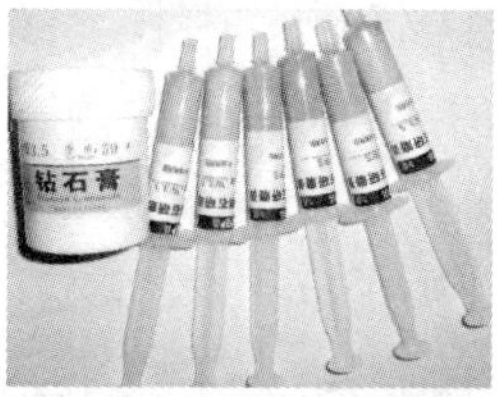	
		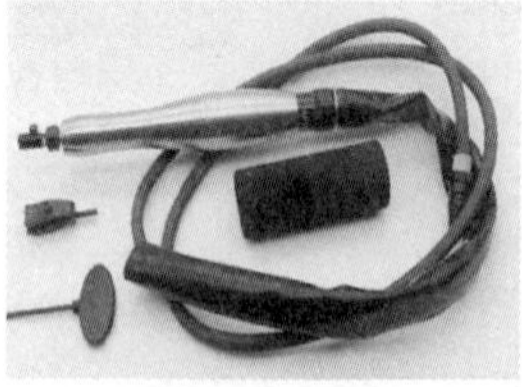	

续表

图示	名称及用途	图示	名称及用途
		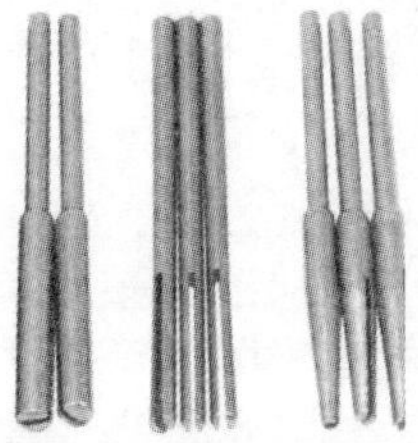	

4．说明用砂纸抛光的方法及注意事项。

5．抛光质量的影响因素

（1）模具的抛光过程应分开在两个工作地点完成，即粗抛工作地点和精抛工作地点分开，而且要注意清理干净上一道工序残留在零件表面的砂粒。查阅资料，说一说模具抛光的工作环境对抛光质量的影响。

（2）影响表面抛光质量的因素很多，例如，电火花加工后的表面比机械加工或热处理后的表面更难研磨，查阅资料说明原因。

（3）零件选用的钢材品质对抛光质量也有很大的影响，优质的钢材是获得良好抛光质量的前提条件，钢材中的各种夹杂物和气孔都会影响抛光质量。查阅资料，列举几种常用于模具成型零件的钢材及其热处理工艺。

（4）因为抛光主要靠人工完成，所以人的技能是影响抛光质量的重要原因。简述抛光过程中哪些人为因素会导致抛光质量不能达到预期效果。

6．常见的抛光缺陷有哪些？应如何处理？

7．阅读表 9–5 中抛光过程的注意事项，做好总结。

表 9–5　　抛光过程的注意事项

序号	注意事项
1	加工一个新模具型腔前，应先检查零件表面，用煤油将其清洗干净，使油石面不会因黏附污物而失去切削功能
2	粗抛时应按先难后易的顺序进行，特别是一些难研磨的死角及较深底部要先研磨，最后研磨侧面和大平面
3	部分零件可能会多件组拼在一起研磨及抛光，要先分别研磨单个零件的粗纹或火花纹，后将所有零件拼齐后研磨至平滑
4	对大平面的零件，应用油石研磨去粗纹后再用平直的钢片做透光检测，看是否有不平或倒扣的不良情况，如有倒扣情况可能会导致制件脱模困难或拉伤
5	为防止模具零件研磨出倒扣情况，或当有一些贴合面需保护时，可将锯片或砂纸贴在边上，以达到理想的保护效果
6	用前后拉动油石的方法研磨模具平面，拉动油石的柄尽量放平，柄与研磨面之间的夹角不要超出25°，否则易在零件上研磨出很多粗纹
7	如果用铜片或竹片压着砂纸抛光零件的平面，砂纸应不大于铜片或竹片的面积，否则会研磨到不应研磨的地方
8	研磨工具的形状应与模具的表面形状一致，这样才能确保零件不被研磨变形
总结	

8．查阅常见抛光工艺的相关资料，填写表 9–6。并根据型腔零件特征，分析模具成型表面，根据零件外形制定合理的抛光步骤，说明各步骤的实施过程。

表 9–6　　常见抛光工艺

抛光工艺	方法及应用
粗抛	
半精抛	半精抛主要是利用砂纸、砂页盘等涂附磨具对零件表面进行抛光，以进一步降低抛光面的表面粗糙度值。使用的砂纸号数依次为 400 号→600 号→800 号→1000 号→1200 号→1500 号。实际上 1500 号砂纸只适用于抛光淬硬的模具钢（硬度为 52HRC 以上），而不适用于抛光预硬钢，因为可能会损伤预硬钢件表面而无法达到预期抛光效果
精抛	

步骤一（检测、分析表面）：

步骤二（选择合适油石）：

步骤三（选择合适砂纸）：

步骤四（选择合适研磨膏）：

步骤五（清理零件表面杂物）：

9．完成型芯、型腔的抛光，要求表面粗糙度 Ra 值为 3.2 μm，不得出现橘皮、点蚀等表面缺陷。在表 9–7 中记录加工过程中出现的问题及解决方法。

表 9–7　　加工过程中出现的问题及解决方法

问题	解决方法

10．图 9–1 所示为常见的表面粗糙度仪，可以快速检测出零件的表面粗糙度值。查阅资料，说明其原理及使用方法。

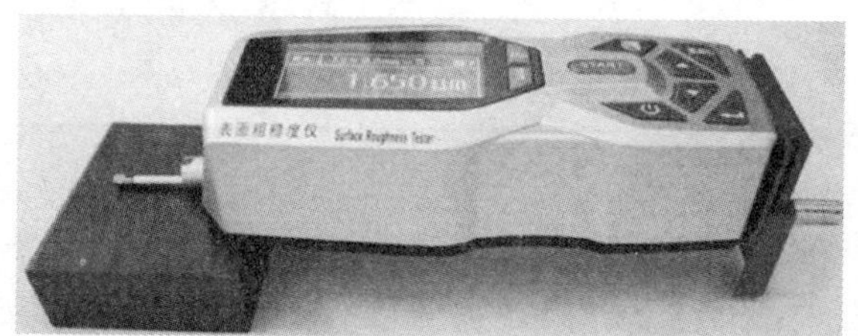

图 9–1　常见的表面粗糙度仪

11．使用表面粗糙度仪及量具检测抛光后的表面精度，填写表 9–8。

表 9–8　　抛光质量检测

序号	检测部位	理想精度要求（尺寸 / 表面）	实际尺寸精度	实际表面粗糙度

评价与分析

学习活动过程评价表

班级		姓名		学号		日期	年 月 日
序号	评价内容和描述		评价细则		配分	得分	总评
1	能说出模具常见抛光方法的工作原理		一处不完整或不准确扣 1 分		6		
2	能说出常用抛光工具的名称、用途及使用注意事项		一处不完整或不准确扣 2 分		10		
3	能说出抛光质量的影响因素		一处不完整或不准确扣 1 分		4		
4	能说出常见抛光缺陷及其处理方法		一处不完整或不准确扣 2 分		10		A □ （86 ～ 100 分）
5	能说出抛光过程中的注意事项		一处不完整或不准确扣 2 分		10		
6	能说出常见的抛光工艺		一处不完整或不准确扣 5 分		10		B □ （76 ～ 85 分）
7	能根据零件特征制定合理的抛光步骤		一处不合理扣 2 分		10		C □ （60 ～ 75 分）
8	能按表面粗糙度要求正确完成型芯、型腔的抛光		一处不正确扣 2 分		10		
9	能正确检测抛光质量		一处检测方法不正确扣 2 分，一处加工质量不合格扣 2 分		10		D □ （60 分以下）
10	能在工作现场执行 7S 管理规定		能够执行 7S 管理规定中的 5 ～ 6 条得 10 分，能够执行 7S 管理规定中的 3 ～ 4 条得 5 分，能够执行 7S 管理规定中的 1 ～ 2 条得 1 分		10		
11	能积极参与小组讨论，运用专业术语与他人交流（小组长对成员打分）		参与积极性高，合作意识好得 10 分；参与积极性一般，合作意识一般得 5 分；参与积极性差，合作意识差得 1 分		10		
小结建议							

学习活动 3　装　　配

学习目标

1. 能正确识读玩具车车轮双分型面塑料成型模装配图，明确装配技术要求。

2. 能根据装配技术要求选择合适的装配方法。

3. 能合理编制玩具车车轮双分型面塑料成型模装配工艺卡。

4. 能独立完成玩具车车轮双分型面塑料成型模装配，达到装配要求。

5. 能在试模前对玩具车车轮双分型面塑料成型模进行检测、调整。

6. 能在工作现场执行 7S 管理规定。

建议学时：5 学时。

学习过程

1．仔细识读玩具车车轮双分型面塑料成型模装配图，查阅相关资料，回答以下问题。

（1）玩具车车轮双分型面塑料成型模装配时，定模组件、动模组件的装配基准件分别是什么？

（2）采用的是哪种浇口类型？

（3）型腔、型芯采用的是整体式还是镶拼式?

（4）顶出采用的是哪种形式?

（5）冷却水道采用的是哪种形式?

（6）写出以下零件配合尺寸要求。

1）导柱与导套

2）导柱与动模板

3）导套与定模板

4）型腔与定模板

5）型芯与动模板

（7）假设模架需要自己加工制作，试编制模架装配工艺卡（表 9–9）。

表 9–9　　模架装配工艺卡

<table>
<tr><td colspan="2" rowspan="2">模架的装配工艺卡</td><td rowspan="4">模架装配工艺卡</td><td>产品名称</td><td></td><td>共　页</td></tr>
<tr><td>产品型号</td><td></td><td>第　页</td></tr>
<tr><td>质量 /kg</td><td></td><td>部件图号</td><td colspan="2"></td></tr>
<tr><td>数量</td><td></td><td>部件名称</td><td colspan="2"></td></tr>
</table>

工序号	工序名称	工序内容	技术要求 及注意事项	工具、量具和 设备

（8）写出玩具车车轮双分型面塑料成型模的装配技术要求。

2．模具装配前的准备

（1）阅读装配图明细栏，区分定模、动模组件，将零件序号和名称、规格、数量填入表 9–10。

表 9–10　零件清单

项目	零件序号和名称	规格	数量	备注
定模组件				
动模组件				

（2）小组成员按照上表中的零件清单清点模具零件，领用标准件，将定模组件的零部件和动模组件的零部件分类摆放。写出模具装配前的准备工作内容，并做好相应准备工作。

3．选择装配方法

根据装配图零件之间的相互关系，依据零件的测量结果，分析零部件之间的装配尺寸链，选择适合的装配方法进行装配，并简述其装配工艺过程。

（1）采用互换装配法的零部件装配工艺过程

（2）采用选择装配法的零部件装配工艺过程

（3）采用修配装配法的零部件装配工艺过程

（4）采用调整装配法的零部件装配工艺过程

4．编制玩具车车轮双分型面塑料成型模装配工艺卡：在教师的指导下，小组讨论并拟定组件的装配工序，确定工序内容，明确技术要求，准备好工具、量具和设备。

（1）编制定模组件装配工艺卡（表 9–11）

表 9–11　　定模组件装配工艺卡

<table>
<tr><td colspan="2" rowspan="2">定模组件装配工艺卡</td><td rowspan="4">玩具车车轮双分型面塑料成型模装配工艺卡</td><td>产品名称</td><td></td><td>共　页</td></tr>
<tr><td>产品型号</td><td></td><td>第　页</td></tr>
<tr><td>质量 /kg</td><td></td><td>部件图号</td><td colspan="2"></td></tr>
<tr><td>数量</td><td></td><td>部件名称</td><td colspan="2"></td></tr>
</table>

工序号	工序名称	工序内容	技术要求及注意事项	工具、量具和设备

（2）编制动模组件装配工艺卡（表 9–12）

表 9–12　　动模组件装配工艺卡

<table>
<tr><td colspan="2" rowspan="2">动模组件装配工艺卡</td><td rowspan="4">玩具车车轮双分型面塑料成型模装配工艺卡</td><td>产品名称</td><td></td><td>共　页</td></tr>
<tr><td>产品型号</td><td></td><td>第　页</td></tr>
<tr><td>质量 /kg</td><td></td><td>部件图号</td><td colspan="2"></td></tr>
<tr><td>数量</td><td></td><td>部件名称</td><td colspan="2"></td></tr>
</table>

工序号	工序名称	工序内容	技术要求 及注意事项	工具、量具和 设备

（3）编制模具总装配工艺卡（表 9–13）

表 9–13　　模具总装配工艺卡

模具总装配工艺卡		玩具车车轮双分型面塑料成型模装配工艺卡	产品名称		共　页
			产品型号		第　页
质量 /kg			部件图号		
数量			部件名称		

工序号	工序名称	工序内容	技术要求及注意事项	工具、量具和设备

5．根据编制的装配工艺卡，参考表 9–14 至表 9–16 中的装配步骤及图示进行装配，用摄像机记录装配过程，并在表 9–14 至表 9–16 中记录每个装配步骤的装配要点。

（1）定模组件装配（表 9–14）

表 9–14　定模组件装配

装配步骤及图示	装配要点
确定装配基准：以定模板为装配基准	
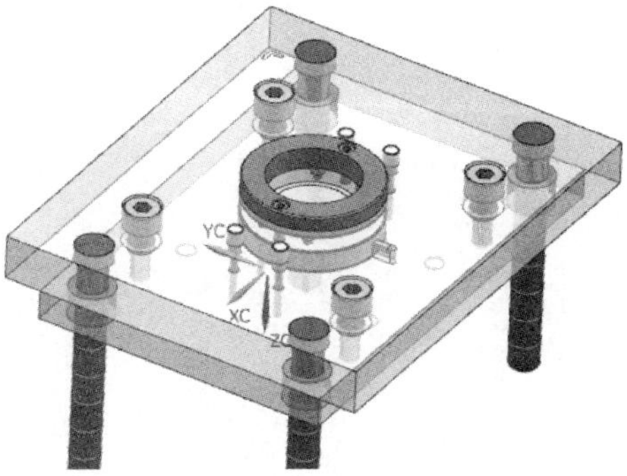 装配导套和推料板	
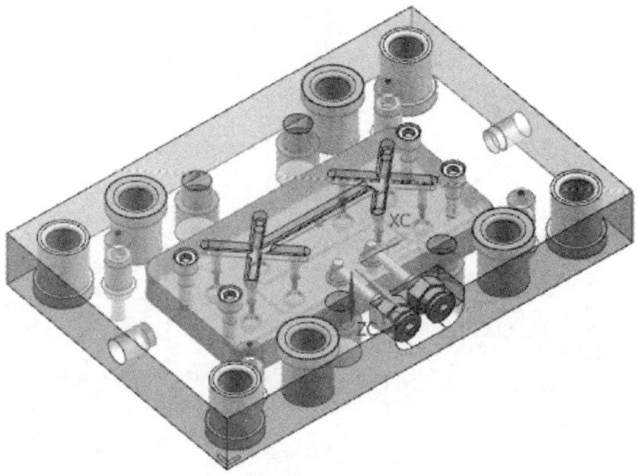 装配定模座板	
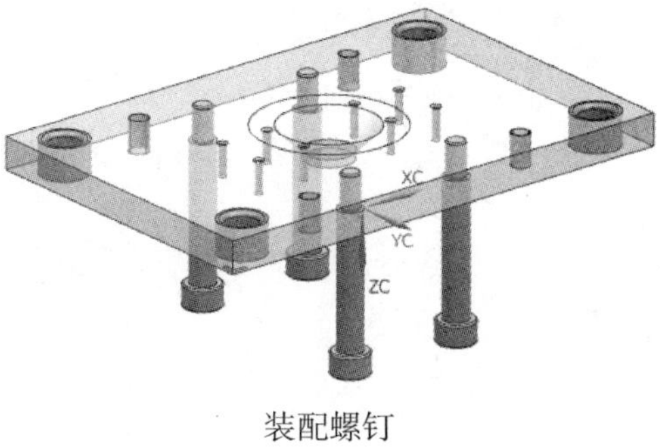 装配螺钉	

（2）动模组件装配（表 9–15）

表 9–15　　动模组件装配

<table>
<tr><th>装配步骤及图示</th><th>装配要点</th></tr>
<tr><td colspan="2">确定装配基准：以动模板为装配基准</td></tr>
<tr><td>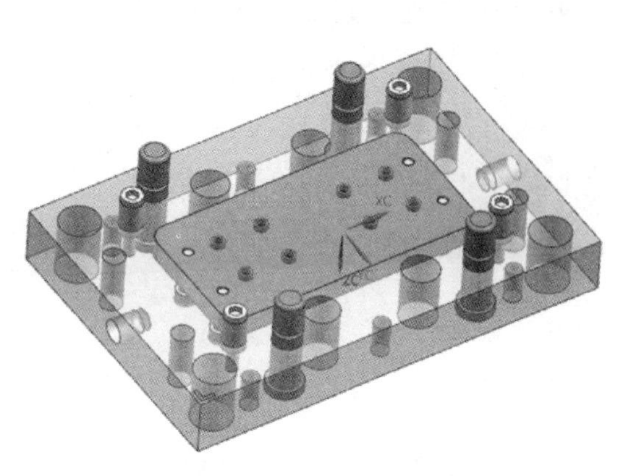
装配衬套</td><td></td></tr>
<tr><td>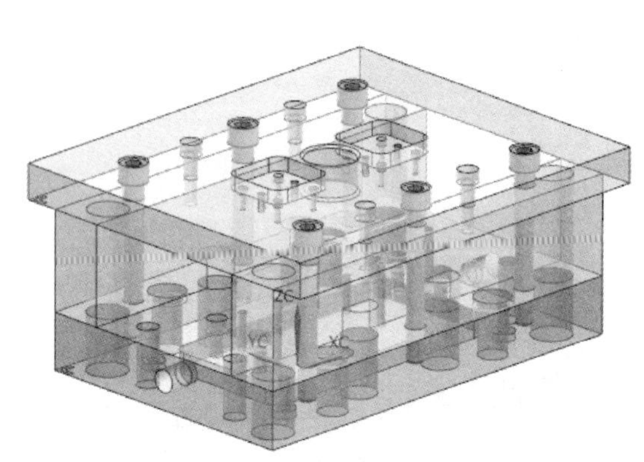
装配型芯</td><td></td></tr>
<tr><td>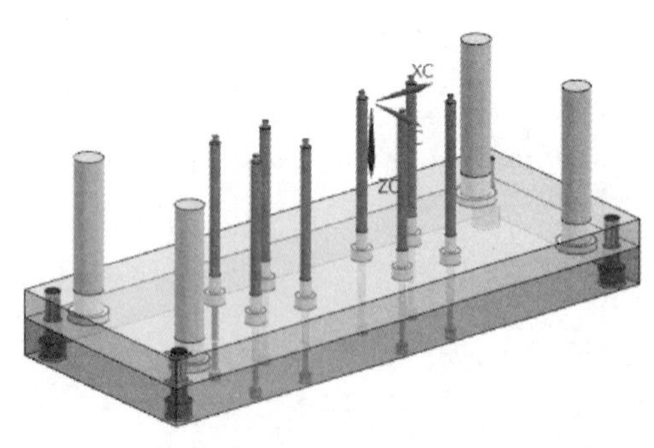
装配导柱</td><td></td></tr>
</table>

续表

装配步骤及图示	装配要点
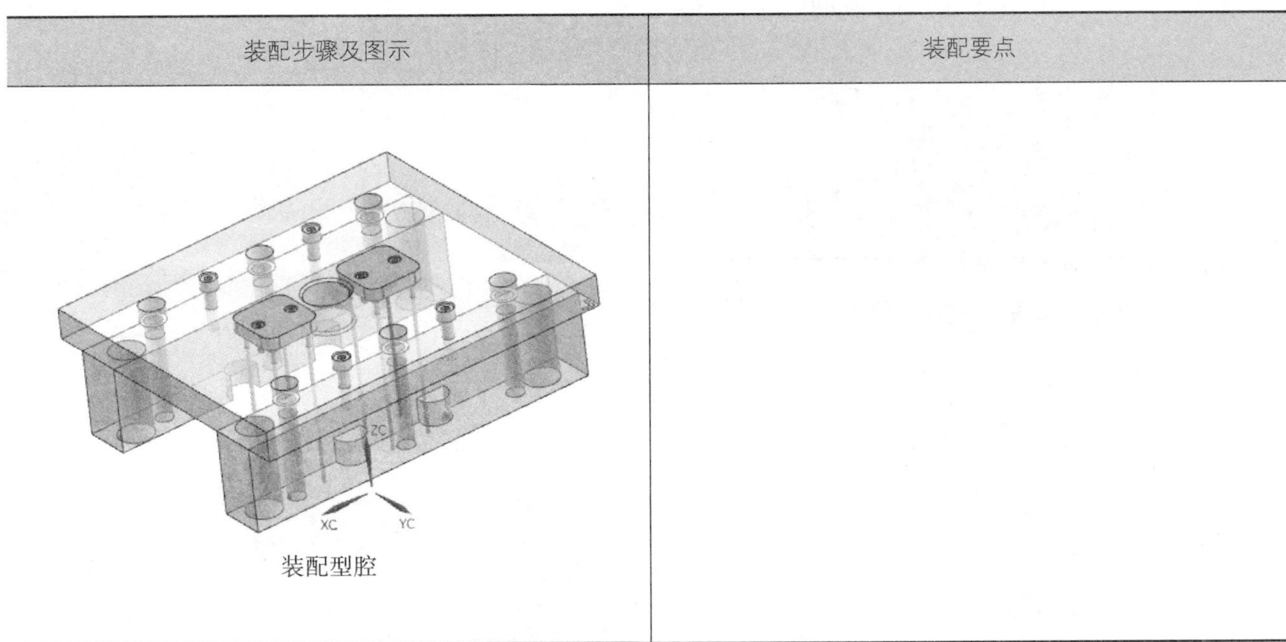 装配型腔	

（3）合模以及冷却水道的安装（表 9–16）

表 9–16　　合模以及冷却水道的安装

图示	安装要点
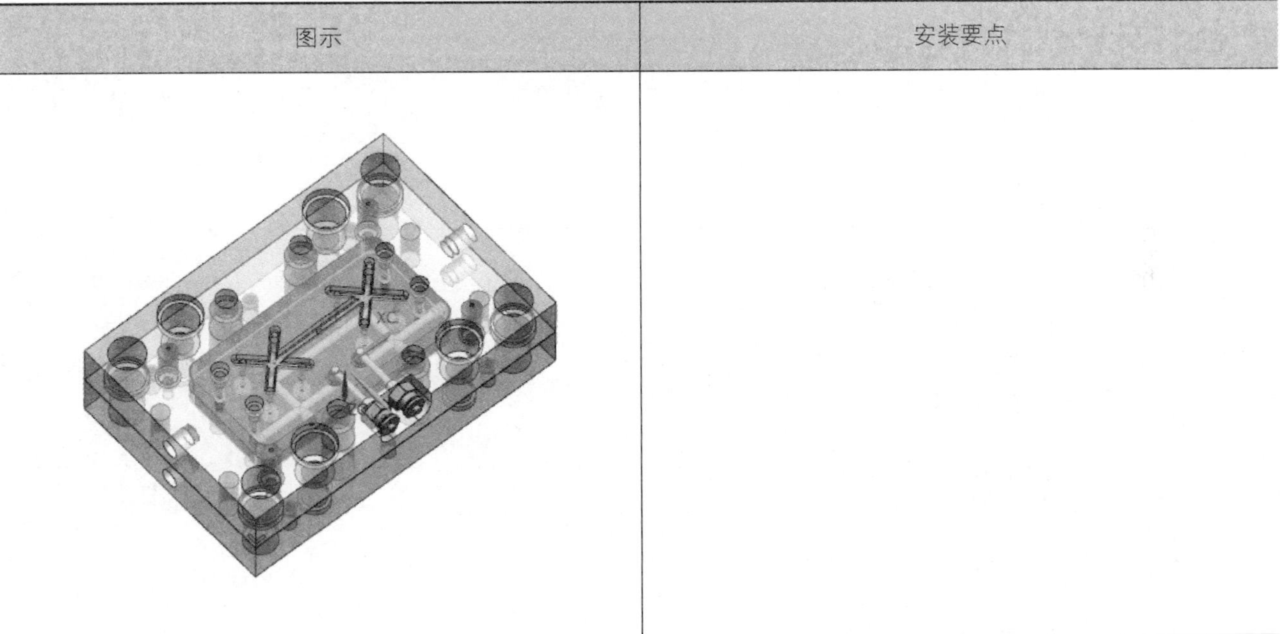	

（4）重要提示

1）必须设置吊环孔，以便模具吊装。

2）为防止动模和定模在吊装搬运过程中分开滑落，必须设置可靠的连接装置。

3）安装推料板的限位装置。

6．完成模具装配，并在表 9–17 中记录装配过程中出现的问题及解决方法。

表 9–17　装配过程中出现的问题及解决方法

问题	解决方法

7．装配图技术要求中规定模具装配后各分型面间隙应小于塑料的溢边值，玩具车车轮的材料聚苯乙烯的溢边值是多少?

8．怎样测量玩具车车轮双分型面塑料成型模分型面的配合间隙?

9．玩具车车轮双分型面塑料成型模试模前，怎样用简易方法测量型芯与型腔间隙（制件的壁厚）？

10．玩具车车轮双分型面塑料成型模的冷却水道安装完毕应怎样进行测试?

11．在玩具车车轮双分型面塑料成型模合模后、试模之前应对哪些项目进行检测?

12．小组成员对装配完毕的模具进行检查，记录存在的问题，对存在的问题进行讨论，并叙述模具调整的方法和要求。

13．试模之前，按照装配技术要求对装配零件、组件进行自检和互检，确认是否可以进行试模，完成表 9-18。

表 9-18　　自检和互检

项目		是否完成	自检（是否合格）	互检（是否合格）
零件检验	型芯			
	型腔			
	标准件			
	辅助零件			
定模组件装配	装配基准（定模板）			
动模组件装配	装配基准（动模板）			
总装配	定模、动模合模			
	冷却水道的安装			
	辅助零件的安装			
综合评价是否可以试模				

评价与分析

学习活动过程评价表

班级		姓名		学号		日期	年　月　日
序号	评价内容和描述		评价细则		配分	得分	总评
1	能说出玩具车车轮双分型面塑料成型模装配技术要求		一处不完整或不准确扣 2 分		10		A □ （86 ~ 100 分） B □ （76 ~ 85 分） C □ （60 ~ 75 分） D □ （60 分以下）
2	能选择正确的装配方法		不正确不得分		5		
3	能合理编制模具装配工艺卡		一处不合理扣 2 分		10		
4	能独立完成模具装配		能独立完成得 20 分，在教师或同学协助下完成得 10 分，不能完成不得分		20		
5	能在试模前规范完成模具的检测		一处不正确扣 5 分		15		
6	能在试模前规范完成模具的调整		一处不正确扣 5 分		10		
7	模具装配后能满足试模要求		不能满足不得分		10		
8	能在工作现场执行 7S 管理规定		能够执行 7S 管理规定中的 5 ~ 6 条得 10 分，能够执行 7S 管理规定中的 3 ~ 4 条得 5 分，能够执行 7S 管理规定中的 1 ~ 2 条得 1 分		10		
9	能积极参与小组讨论，运用专业术语与他人交流（小组长对成员打分）		参与积极性高，合作意识好得 10 分；参与积极性一般，合作意识一般得 5 分；参与积极性差，合作意识差得 1 分		10		
小结建议							

学习活动4 试　　模

学习目标

1. 能说出玩具车车轮注射成型工艺参数的内容。

2. 能编制玩具车车轮双分型面塑料成型模的注射成型工艺卡。

3. 能根据注射成型工艺卡在注塑机上正确设置和调整参数。

4. 能明确注射成型工艺参数与制件成型的关系。

5. 能根据试模的安全操作程序，在注塑机上正确安装模具。

6. 能明确试模各辅助工具的用途和使用方法。

7. 能根据玩具车车轮图样要求，检验制件质量。

8. 能对试模制件进行质量分析。

9. 能在工作现场执行7S管理规定。

建议学时：4学时。

学习过程

1．玩具车车轮双分型面塑料成型模试模前的准备工作有哪些？

2．查看玩具车车轮零件图，写出玩具车车轮的塑料材料名称，并查阅资料，写出该材料的成型特性。

3．根据玩具车车轮注射成型工艺要求，写出以下工艺参数。

（1）原料的干燥条件

（2）料筒温度

（3）喷嘴温度

（4）螺杆转速

（5）塑化压力

（6）加料量

（7）注射速度

（8）保压时间

（9）模具温度

（10）冷却时间

（11）制件的后处理

4．根据车间的注塑机型号和现场条件，在教师的指导下，小组讨论后编制玩具车车轮注射成型工艺卡（表 9–19）。

表 9–19　　玩具车车轮注射成型工艺卡

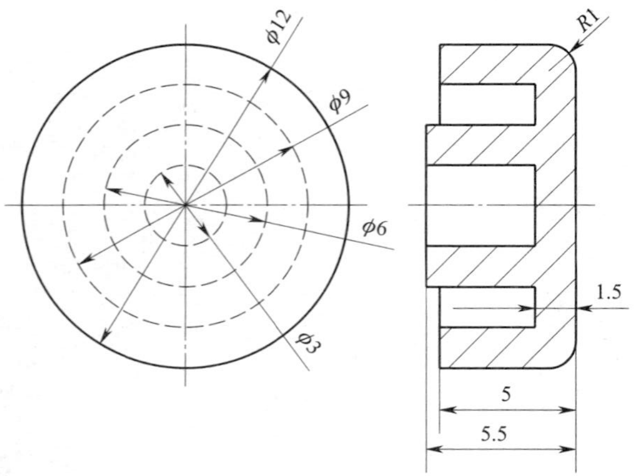

设备名称型号		零件名称	玩具车车轮	零件毛重		材料名称				进芯位置	
产品型号		产品颜色		零件净重		材料型号				退芯位置	
			班产量（模次）		总周期时间	材料颜色				进芯压力	
			冷却			色母比例				进芯速度	
			回收比例		颜料型号名称	退芯压力				行程	
			消耗定额			退芯速度				抽芯	
			料筒温度设置	喷嘴温度 /℃	一段温度 /℃	二段温度 /℃	三段温度 /℃	四段温度 /℃	五段温度 /℃	干燥温度 /℃	干燥时间 /h
			射出时间	射出		射出一	射出二	射出三	射出四	保压一	保压二
					压力 /MPa						
			保压时间		速度 /%						
					位置 /mm						
			顶出方式	储料		储料一	储料二	顶出	顶退	调模	熔前抽胶
					压力 /MPa						
			顶出次数		速度 /%						熔后抽胶
					位置 /mm						
			模具型腔	开模 / 关模		一段开模	二段开模	三段开模	一段关模	二段关模	三段关模
					压力 /MPa						
			背压		速度 /%						
					位置 /mm						
			机台操作人数		技术要求						
			操作工								
拟制	审核	批准	毛刺工								

5．简述在注塑机上安装玩具车车轮双分型面塑料成型模的步骤及注意事项。

6．列举在注塑机上安装玩具车车轮双分型面塑料成型模时使用的工具和夹具，写出相应的规格、用途和使用方法。

7．在教师的指导和监督下试模，调整注射成型工艺条件。用半自动操作方式，在确定的工艺条件下，连续、稳定地制取五模以上作为第一组制件。然后依次变化下列工艺条件：注射速度、注射压力、保压时间、冷却时间、料筒温度（调节料筒温度后有适当的恒温时间）制取第二、三、四、五、六组制件。用摄像机记录试模过程。

（1）记录确定工艺条件下稳定生产的各玩具车车轮制件的工艺参数。

（2）在表 9–20 中记录工艺条件变化后的参数并描述相应制件状况。

表 9–20　　　　　　　　　　　　工艺条件变化后的参数及制件状况

组号	工艺条件	变化后的参数	制件状况
1	注射速度		
2	注射压力		
3	保压时间		
4	冷却时间		
5	料筒温度		

8．通过玩具车车轮的试模工作，观察塑料制件注射加工过程：预塑、注射、保压、冷却、开模、推出、取件、合模。回答以下问题：

（1）注射压力对制件质量的影响。

（2）保压时间和冷却时间对制件质量的影响。

（3）料筒温度对制件质量的影响。

9．根据玩具车车轮制件的质量要求，检测制件，在表 9–21 中记录检测结果并进行质量分析。

表 9–21　玩具车车轮制件的检测

序号	项目	检测工具	检测结果	质量分析
1	壁厚			
2	飞边			
3	外观			
4	颜色			
5	质量			
6	熔接痕			
7	变形			
8	尺寸			

10．根据试模情况，查阅相关资料，填写常见制件缺陷的处理方法（表 9–22）。

表 9–22　常见制件缺陷的处理方法

序号	制件缺陷	原因	处理办法
1	成品未注满	料温、模温低	
		注射压力低	
		预塑量不够	
		注射时间太短	
		注射速度太慢	
		模具排气不良	
		喷嘴阻塞	
2	缩水（抽坑）	预塑量不足	
		注射压力低	
		保压压力不够	
		注射时间太短	
		注射速度太快	
		料温过高	

续表

序号	制件缺陷	原因	处理办法
2	缩水（抽坑）	模温不当	
		冷却时间不够	
		排气不良	
3	成品粘模（脱模困难）	注射压力太高	
		剂量过多	
		保压时间太久	
		注射速度太快	
		料温太高	
		冷却时间不足	
		模具温度过高或过低	
		模具内有脱模倒角	
		模具表面不光滑	
4	毛边	温度太高	
		注射压力太高	
		填料过饱	
		合模线或密封面不良	
		锁模压力不够	
5	开模、顶出时成品破裂	填料过饱	
		模温太低	
		有脱模倒角	
		成品脱模时不能平衡脱离	
		顶针顶出过快	
		脱模时模具产生真空现象	
6	熔接痕严重	塑料熔融不佳	
		模具温度过低	
		注射速度太慢	
		注射压力太低	
		塑料不干净或掺有杂质	
		脱模油太多	
		模内空气排出不及时	

续表

序号	制件缺陷	原因	处理办法
7	流纹	塑料熔融不佳	
		模具温度太低	
		注射速度太快或太慢	
		注射压力太高或太低	
		塑料不纯	
		溢口过小产生射纹	
		成品断面厚薄相差太多	
8	银纹（银丝）	塑料含有水分	
		塑料温度过高或模具过热	
		注射速度太快	
		模具温度太低	
		料筒内夹有空气	
9	成品表面不够有光泽	模具温度太低	
		塑料剂量不够	
		模内有过多脱模油	
		模内表面有水	
		模内表面不光滑	
10	成品变形	成品顶出时尚未冷却	
		成品形状及厚薄不对称	
		进料过多	
		几个溢口进料不平衡	
		顶出系统不平衡	
		模具温度不均匀	
		近溢口部分原料太松或太紧	
11	成品内有气孔	注射压力太低	
		注射时间不足	
		注射速度太快	
		塑料含水分	
		塑料温度过高以致分解	
		模具温度不均匀	

续表

序号	制件缺陷	原因	处理办法
11	成品内有气孔	冷却时间太长	
		背压不够	
		料筒温度不当	
12	黑点	原料过热部分附着料筒管壁	
		塑料混有异物、纸屑等	
		射入模内时产生焦斑	
		料筒内有使原料过热的死角	
13	黑纹	原料温度过高	
		螺杆转速太快	
		喷嘴孔过小或温度过高	
14	喷嘴漏胶	料筒温度过高	
		背压调整不当	
		整进行程不够	

评价与分析

学习活动过程评价表

班级		姓名		学号		日期	年 月 日
序号	评价内容和描述		评价细则		配分	得分	总评
1	能说出玩具车车轮注射成型工艺参数的内容		一处不完整或不准确扣 2 分		10		A □（86 ~ 100 分） B □（76 ~ 85 分）
2	能根据注射成型工艺卡在注射机上正确设置和调整参数		一处不正确扣 2 分		10		
3	能说出注射成型工艺参数与制件成型的关系		一处不完整或不准确扣 2 分		10		
4	能根据试模的安全操作程序，在注塑机上正确安装模具		一处不正确扣 4 分		20		

续表

序号	评价内容和描述	评价细则	配分	得分	总评
5	能正确使用试模各辅助工具	一处不正确扣 4 分	20		C □ （60 ~ 75 分） D □ （60 分以下）
6	能正确选择量具对制件进行检测	一处不正确扣 5 分	10		
7	能正确完成试模制件的质量分析	一处不正确扣 2 分	10		
8	能在工作现场执行 7S 管理规定	能够执行 7S 管理规定中的 5 ~ 6 条得 5 分，能够执行 7S 管理规定中的 3 ~ 4 条得 3 分，能够执行 7S 管理规定中的 1 ~ 2 条得 1 分	5		
9	能积极参与小组讨论，运用专业术语与他人交流（小组长对成员打分）	参与积极性高，合作意识好得 5 分；参与积极性一般，合作意识一般得 3 分；参与积极性差，合作意识差得 1 分	5		
小结建议					

学习活动5　修　　模

学习目标

1. 能对试模制件进行质量分析，编制合理的修模工艺卡。

2. 能说出玩具车车轮双分型面塑料成型模验收的流程和验收要点。

3. 能采用合适的工艺方法进行修模。

4. 能制订玩具车车轮双分型面塑料成型模日常保养计划。

5. 能判断塑料模具的失效形式。

6. 能对玩具车车轮双分型面塑料成型模结构提出优化建议。

7. 能在工作现场执行7S管理规定。

建议学时：4学时。

学习过程

1．制件的缺陷主要源于模具的设计、制造精度和磨损程度等方面的问题。当采用工艺手段弥补模具缺陷带来的问题成效不大时，应进行修模。

以小组形式讨论分析玩具车车轮双分型面塑料成型模试模制件的质量和模具质量，写出质量分析报告。

2．塑料模具的分型面都加工有排气槽，排气槽设置可以在试模前也可以在试模后，对于复杂制件一般在试模后根据料流末端的位置开设排气槽。通过第一次试模，分析制件质量，在模具分型面上开设排气槽。试确定排气槽的位置和尺寸。

3．根据质量分析报告，小组针对模具加工和装配中出现的问题进行讨论，编制合理的修模工艺卡（表 9–23）。

表 9–23　修模工艺卡

<table>
<tr><td colspan="3" rowspan="2"></td><td>材料</td><td></td><td>图号</td><td colspan="3"></td></tr>
<tr><td>产品数量</td><td></td><td>零件名称</td><td></td><td>共　页</td><td>第　页</td></tr>
<tr><td rowspan="2">工序号</td><td rowspan="2">工序名称</td><td rowspan="2">工序内容</td><td rowspan="2">车间</td><td rowspan="2">工段</td><td rowspan="2">设备</td><td rowspan="2">工艺装备</td><td colspan="2">工时</td></tr>
<tr><td>准终</td><td>单件</td></tr>
<tr><td></td><td></td><td></td><td></td><td></td><td></td><td></td><td></td><td></td></tr>
<tr><td></td><td></td><td></td><td></td><td></td><td></td><td></td><td></td><td></td></tr>
<tr><td></td><td></td><td></td><td></td><td></td><td></td><td></td><td></td><td></td></tr>
<tr><td></td><td></td><td></td><td></td><td></td><td></td><td></td><td></td><td></td></tr>
<tr><td></td><td></td><td></td><td></td><td></td><td></td><td></td><td></td><td></td></tr>
<tr><td></td><td></td><td></td><td></td><td></td><td></td><td></td><td></td><td></td></tr>
<tr><td></td><td></td><td></td><td></td><td></td><td></td><td></td><td></td><td></td></tr>
<tr><td></td><td></td><td></td><td></td><td></td><td></td><td></td><td></td><td></td></tr>
<tr><td></td><td></td><td></td><td></td><td></td><td></td><td></td><td></td><td></td></tr>
<tr><td></td><td></td><td></td><td></td><td></td><td></td><td></td><td></td><td></td></tr>
</table>

4．修模完成后，按照试模的过程，再次进行试模。试比较修模前后玩具车车轮制件质量有哪些变化。

5．塑料模具的验收主要是对模具结构、制件质量、注射成型工艺三个方面进行评估，确保模具交付使用后，能正常投入生产。查阅资料，写出玩具车车轮双分型面塑料成型模验收的流程和要点。

6．模具的保养比维修更重要，模具维修的次数越多，模具寿命越短，模具的保养是保证模具正常使用的重要环节。针对玩具车车轮双分型面塑料成型模，制订日常保养计划。

7．塑料模具的失效形式有哪些？如何延长玩具车车轮双分型面塑料成型模的寿命？

8．在完成玩具车车轮双分型面塑料成型模装配、试模与修模任务后，对模具结构提出优化建议。

评价与分析

学习活动过程评价表

班级		姓名		学号		日期	年　月　日	
序号	评价内容和描述		评价细则			配分	得分	总评
1	能对试模制件进行质量分析，编制合理的修模工艺卡		一处不合理扣 4 分			20		A □ （86 ~ 100 分） B □ （76 ~ 85 分） C □ （60 ~ 75 分） D □ （60 分以下）
2	能说出玩具车车轮双分型面塑料成型模验收的流程和要点		一处不正确扣 2 分			10		
3	能采用合适的工艺方法进行修模		一处不正确扣 5 分			20		
4	能制订玩具车车轮双分型面塑料成型模日常保养计划		一处不正确扣 2 分			10		
5	能判断塑料模具的失效形式		不正确不得分			10		
6	能对模具结构提出合理的优化建议		一处不合理扣 5 分			20		
7	能在工作现场执行 7S 管理规定		能够执行 7S 管理规定中的 5 ~ 6 条得 5 分，能够执行 7S 管理规定中的 3 ~ 4 条得 3 分，能够执行 7S 管理规定中的 1 ~ 2 条得 1 分			5		
8	能积极参与小组讨论，运用专业术语与他人交流（小组长对成员打分）		参与积极性高，合作意识好得 5 分；参与积极性一般，合作意识一般得 3 分；参与积极性差，合作意识差得 1 分			5		
小结建议								

学习活动 6　工作总结，成果展示，经验交流

学习目标

1. 能规范撰写工作总结。
2. 能采用多种形式进行成果展示。
3. 能有效进行工作反馈与经验交流。

建议学时：2 学时。

学习过程

一、展示与评价

把小组制作好的玩具车车轮双分型面塑料成型模和制件先进行分组展示，再由小组推荐代表做必要的介绍。在展示的过程中，以组为单位进行评价；评价完成后，根据其他组成员对本组展示成果的评价意见进行归纳总结。完成如下项目：

1．展示的产品符合技术标准吗?

符合□　　不符合□　　可返修□　　直接报废□

2．与其他组相比，你认为本小组的产品工艺如何?

工艺优化□　　工艺合理□　　工艺一般□

3．本小组介绍成果表达是否清晰?

很清晰□　　一般，常补充□　　不清晰□

4．本小组演示产品检测方法操作正确吗?

正确□　　部分正确□　　不正确□

5．本小组演示操作时遵循 7S 管理规定了吗?

遵循了□　　部分遵循□　　完全没有遵循□

6．本小组成员的团队创新精神如何?

良好□　　一般□　　不足□

7．总结本次任务是否达到学习目标。如果没有达到学习目标，分析并写出哪部分内容没有学好，然后返回到相应处补充学习。

二、教师评价

对各组的展示过程及玩具车车轮双分型面塑料成型模和制件质量进行点评，对不足的地方提出改进方法。

三、综合评价

结合自身完成任务情况，通过交流讨论等方式较全面、规范地撰写本任务的工作总结。

工作总结（心得体会）

评价与分析

学习任务九评价表

班级：________ 姓名：________ 学号：________

<table>
<tr><th rowspan="3">项目</th><th colspan="3">自我评价</th><th colspan="3">小组评价</th><th colspan="3">教师评价</th></tr>
<tr><th>10 ~ 9</th><th>8 ~ 6</th><th>5 ~ 1</th><th>10 ~ 9</th><th>8 ~ 6</th><th>5 ~ 1</th><th>10 ~ 9</th><th>8 ~ 6</th><th>5 ~ 1</th></tr>
<tr><th colspan="3">占总评 10%</th><th colspan="3">占总评 30%</th><th colspan="3">占总评 60%</th></tr>
<tr><td>学习活动 1</td><td></td><td></td><td></td><td></td><td></td><td></td><td></td><td></td><td></td></tr>
<tr><td>学习活动 2</td><td></td><td></td><td></td><td></td><td></td><td></td><td></td><td></td><td></td></tr>
<tr><td>学习活动 3</td><td></td><td></td><td></td><td></td><td></td><td></td><td></td><td></td><td></td></tr>
<tr><td>学习活动 4</td><td></td><td></td><td></td><td></td><td></td><td></td><td></td><td></td><td></td></tr>
<tr><td>学习活动 5</td><td></td><td></td><td></td><td></td><td></td><td></td><td></td><td></td><td></td></tr>
<tr><td>学习活动 6</td><td></td><td></td><td></td><td></td><td></td><td></td><td></td><td></td><td></td></tr>
<tr><td>协作精神</td><td></td><td></td><td></td><td></td><td></td><td></td><td></td><td></td><td></td></tr>
<tr><td>纪律观念</td><td></td><td></td><td></td><td></td><td></td><td></td><td></td><td></td><td></td></tr>
<tr><td>表达能力</td><td></td><td></td><td></td><td></td><td></td><td></td><td></td><td></td><td></td></tr>
<tr><td>工作态度</td><td></td><td></td><td></td><td></td><td></td><td></td><td></td><td></td><td></td></tr>
<tr><td>小计</td><td colspan="3"></td><td colspan="3"></td><td colspan="3"></td></tr>
<tr><td>总评</td><td colspan="9"></td></tr>
</table>

任课教师：________ ________年________月________日

世赛知识

第44届世界技能大赛塑料模具工程项目金牌获得者张志斌

张志斌，男，汉族，1996年10月出生，广东省普宁市人，共青团员，广东省机械技师学院数控加工中心专业2012级学生，在第44届世界技能大赛上获塑料模具工程项目金牌。

谈到获奖经历，他说："一旦找准人生的方向和目标，就要坚持不懈，奋勇前行。入校后第二个学期，我考入学校技能竞赛班，虽然竞赛班的压力很大、竞争很激烈，但我把'坚持不懈'作为座右铭。因为喜欢这个技能，即便每天三点一线的枯燥训练，没有寒暑假，我也能全身心地投入训练，每一天都过得特别充实，我觉得只要我努力了，就会有不一样的人生。回首学习经历，我一步一个脚印，从不好高骛远，认真踏实地做好每一件事。例如，防止零件结构变形、材料内应力的释放、加工温度对精度的影响等，都是难以掌握的技术难点，每个难点我都要通过上百次的训练和尝试、经历数不清的失败后，才能掌握其中的规律。"